1週間で
# Python
## の基礎が学べる本

亀田 健司 著

JN040465

インプレス

# 学習を始める前に

● **特別なものではなくなったプログラミング**

かつてプログラミングは、専門の教育を受けたプログラマーや SE（システムエンジニア）などの専門家が使うものというのが一般的な常識でした。そのため多くの人が「プログラミングというのは私たちとは無関係なものだ」という認識を持っていました。しかし、近年この常識は変わろうとしています。

その理由はいくつかありますが、最も大きな理由は、プログラミング教育の義務化でしょう。2020 年度、ついにプログラミング教育が小学校で必修化されました。それは、これから 5 ～ 10 年も経てば、若い世代のほとんどがプログラミングの知識を持つ世の中がやってくるということを意味します。いずれは社会自体が、それを前提とした仕組に変わっていくことでしょう。

そのような経緯から、プログラマーでも IT 関連の仕事をしているわけでもないのに、自分もプログラミングを学習してみたい、と考える人が増えています。

プログラミングを学習するということは、何らかのプログラミング言語を選んで学習するということになるわけですが、そのとき問題になるのが「どのプログラミング言語を選ぶか」ということです。

ひと口にプログラミング言語といっても実にたくさんあり、知識がほとんどない段階で 1 つを選ぶのは至難の業です。また、選んだ言語が難解だった場合、プログラミング自体が嫌になってしまう可能性だってあります。

そんな方におすすめのプログラミング言語が Python（パイソン）です。Python は、そもそも初心者にとって学習しやすく設計された言語であり、他の言語に比べて習得が各段に楽な言語として知られています。

本書では、パソコンぐらいは使えるものの、「そもそもプログラミングなんてやったこともない人」を対象に、ゼロから Python を使ってプログラミングができるようにすることを目的として作られています。さらに、日々の生活やビジネスなどに役立つサンプルを多数用意しています。

何だかおもしろそうだから、これからプログラミングを始めたい、プログラミング

知識を仕事に役立てたい、小学校に通う子どもにプログラミングを教えたい……などと考えている方は、ぜひこの本を使って気軽にプログラミングの世界の扉を開いてみてください。

## ● Python の学習曲線

皆さんは<u>学習曲線</u>という言葉を聞いたことがあるでしょうか。学習曲線とは、学習量とその習熟度の関係を表す曲線のことで、図にすると以下のようになります。

● 学習曲線

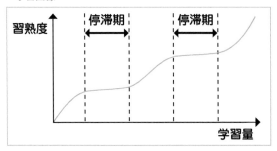

この図からわかるとおり、<u>学習量と習熟度は正比例するものではありません。努力してもなかなか成果が出ない停滞期が必ず訪れます</u>。これはプログラミングの学習に限らず、人間が何か新しいことを学習しようとする際には必ず起こることなのです。

人が新しいことを学ぶときに挫折してしまう原因の多くは、停滞期に「自分はどんなに努力しても成果を出せない。きっと自分には才能がないのだ」と思ってあきらめてしまうことに由来しているといわれています。

実はこの停滞期は、決して無駄ではないのです。それどころか、この時期は学習成果を大きく飛躍させるために必要な時期なのです。停滞期を乗り越えると、学習が一気に加速します。ジャンプするためには一度屈伸しなくてはならないように、学習にはこの停滞期が必要です。このようなことを何度も繰り返しながら、人は学習のレベルを高めていくのです。

とはいえ、停滞期があまりにも長いと、誰しも嫌になってしまうものです。停滞期が長くなってしまう理由はさまざまですが、多くの理由は、次のステップへ行くための前提となる知識や技術が不足していたり、訓練が足りなかったりすることにあります。

Python 言語は、この停滞期がなるべく短くなるように設計された言語です。<u>他の言語よりも文法がシンプルで、覚えるべきことは少なく、前提とする知識もなるべく</u>

少なくなるように配慮がなされているのです。現在使用されているメジャーなプログラミング言語の中で、このような思想に基づいて作られた言語はおそらく Python ぐらいではないでしょうか。

## ● プログラミング学習の三本の柱

このように入門者にやさしい設計がされている Python ですが、「言語」という単語を使っていることからわかるとおり、これも「言葉（ことば）」の一種です。そのためプログラミングを学習するということは、外国語を学習することに似ています。

とはいえ、人間が使用する言語とプログラミング言語とは、同じ「言語」とはいえかなりの違いがあります。そこで、まず Python に限らず、一般にプログラミング言語の学習に必要な三本柱を紹介したいと思います。

### ◎ ①文法のマスター

文法のマスターは、人間が外国語を学ぶときと一緒です。ただ、人間が使う言語に比べて、プログラミング言語の文法はびっくりするくらい単純です。そのため、文法だけの説明であれば 2 〜 3 日で済んでしまい、ある程度プログラムに親しみのある人は、1 日もあれば慣れてしまいます。

初心者にとってはハードルが高いかもしれませんが、それでも基礎を学ぶには 1 週間もあれば十分です。

### ◎ ②アルゴリズムとデータ構造の理解

アルゴリズムとは、簡単にいえばプログラムの大まかな構造のことです。プログラムは人間の命令を処理するための手順の塊なのですが、手順をどう処理していくかという段取りのことを、アルゴリズムといいます。また、データ構造とは、プログラミングにおいてデータを扱う仕組みです。

実はアルゴリズムとデータ構造は、プログラミング言語が違っても、ほぼ変わることはありません。というよりも、そもそもこのアルゴリズムを記述するためにプログラミング言語が存在するのです。そのため、いったん何らかのプログラミング言語をマスターしてしまえば、他のプログラミング言語も容易に理解できます。

### ◎ ③プログラムの例題に数多く触れる

プログラミングの上達には、ある程度以上の量の実例、つまりプログラムに触れて

おく必要があります。たくさんの実プログラムの中で、文法やアルゴリズムがどのように記述されているかがわかってきます。ですから「①文法のマスター」、「②アルゴリズムとデータ構造の理解」を学んだら後は、ひたすら「③プログラムの例題に数多く触れる」を実践していくだけなのです。

「学習の三本柱」という言葉を使いましたが、三本の中では、要する時間は「③プログラムの例題に数多く触れる」が一番長いことになります。

## ● この本の活用方法

とはいえ、実際のところ、多くの初心者は文法の学習とアルゴリズムの理解あたりでつまずいてしまいます。その理由は、これらの基本事項を学習してから実践に移るまでのハードルがあまりにも高すぎるからです。つまり、基礎訓練から実践までの乖離があまりに大きすぎる、それが現在のプログラミング教育の問題なのです。

実際のところ、多くの企業の新入社員教育では「①文法のマスター」および「②アルゴリズムとデータ構造の理解」の段階までは何とか研修期間内に身に付けてもらい、現場に出てから実地で「③プログラムの例題に数多く触れる」を頑張る……というスタイルになっているのが実情です。前述した乖離の問題は、特に「②アルゴリズムとデータ構造の理解」と「③プログラムの例題に数多く触れる」の間に存在します。頑張って言語を覚えたけれど、結局何もできずに終わってしまっている人は、この段階でつまずいているのです。これは学習期間における停滞期があまりにも長いことに起因しているものと思われます。

そのため、「①文法のマスター」および「②アルゴリズムとデータ構造の理解」の段階が、他の言語に比べて少ないPython言語は初心者には大変有利だといえるのです。なぜなら、同じ学習期間でも「③プログラムの例題に数多く触れる」の段階に、より多くの時間を割くことができるからです。

そこで本書では、文法やアルゴリズムの説明に加えて、数多くの例題と練習問題を用意しました。同時に、クラスの定義やラムダ式など、プログラミングの初心者がまず使うことはない高度な概念や項目は思い切って割愛しました。実際、Pythonはこれらを使用しなくてもかなり高度なことができますし、本書の内容を理解し終えた方にとっては、独学がそれほど難しくないからです。

その代わりにシーケンスなどPython独自の重要な概念に関しては、他の入門書よりも手厚い解説を行い、大量の練習問題を用意しました。特にシーケンスは、メジャーなプログラミング言語ではPythonぐらいでしか見られない独特な処理があるため、

他のプログラミング言語を学んだ人でも苦戦します。全体的に学習が容易な Python ですが、例外的にここだけは難所といえるでしょう。そのため、シーケンスの理解を深めるための練習問題は特に豊富にしてあります。

つまり Python 言語全般の知識を網羅するのではなく、重要なポイントに絞って集中的に理解できるようにしているのです。

なお、本書の学習効果を最大にするためには、本書はぜひ 3 回読んでほしいと考えております。それぞれの読み方は以下のとおりです。

◉ **1回目：**

全体を日程どおりに 1 週間でざっと読んで、基本文法とプログラミングの基礎を理解する。例題は飛ばしてサンプルプログラムを入力し、難しいところははしょって流れをつかむ。

◉ **2回目：**

復習を兼ねて、例題を解くことを中心に、冒頭から読み進める。例題は、難易度に応じて★マークが付いているので、★マーク 1 つの難易度が低い問題だけを解くようにする。その過程で理解が不十分だったところを理解できるようにする。

◉ **3回目：**

★マーク 2 つ以上の上級問題を解いていき、プログラミングの実力を付けていく。わからない場合は解説をじっくり読み、何度もチャレンジする。

このやり方をしっかりとやれば、プログラミングの技術が着実に身に付いていくことでしょう。

# 本書の使い方

各項のポイントを
示しています。

各節の目的です。

重要語句には
マーカーが付
いています。

Pythonのソースコードを
表します。

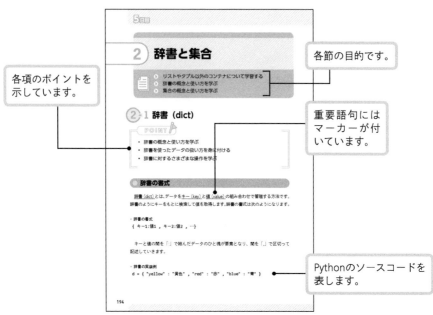

各節ごとに例題を
用意しています。

それまでの説明のみでは解くのが難しい問
題もあります。解けなければすぐに解説を
読んでください。解かずに解説を読んでも
問題ありません。

難易度を★
マークで表記
しています。

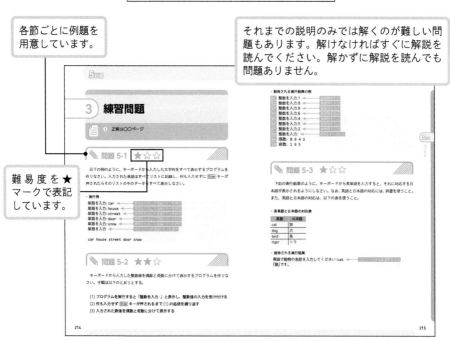

# 1日目

## はじめの一歩

# ① Pythonとは何か

- ▶ プログラミングに関する基礎知識を身に付ける
- ▶ Pythonの概要を知る
- ▶ Pythonの開発環境を整える

##  1-1 プログラミング言語とは何か

- プログラミング言語に関する基礎知識
- プログラミング言語の種類と使い分け
- Python言語の特徴

### ● プログラミング言語ってそもそも何？

　私たちの身の回りには、たくさんのコンピュータが存在します。パソコンやスマートフォン、ゲーム機はもちろん、自動車や家電製品、電車などの交通インフラや、金融機関の基幹システムなど、さまざまな領域でコンピュータが活躍しています。

#### ◉ コンピュータに動作を命令するのがプログラム

　コンピュータを制御するには、どのように仕事や作業をするかということを指示する必要があります。その指示のことを**プログラム（program）**といい、それを作る作業のことを**プログラミング（programming）**といいます。

　そしてプログラミングに必要な言葉を、**プログラミング言語**といい、本書で扱うPython以外にもさまざまな種類が存在します。

## ◉ Python以外のプログラミング言語

Python 以外にプログラミング言語にはどのようなものが存在するのでしょうか？
主なプログラミング言語を表にまとめました。

● 主なプログラミング言語

| 言語名 | 特徴 |
| --- | --- |
| C言語 | 現在使われている主流な言語の中で、最も古い言語。多くの言語が、C言語をベースに作られている |
| C++言語 | C言語をさらに拡張した言語。オブジェクト指向という考え方に対応している |
| Java | C/C++をベースにして開発され、現在オラクル社によって公開されている。スマートフォンのOSの1つであるAndroidなどで使われている言語 |
| Swift | アップル社が開発した言語。iPhoneやiPadのアプリ開発に使われる |
| PHP | Webアプリケーションの開発に特化した言語 |
| Ruby | 日本人によって開発された言語。こちらもWebアプリケーションを作る際によく使われる |

## マシン語と高級言語

手始めにプログラミング言語の仕組みについて説明します。

## ◉ コンピュータが直接理解できるマシン語

プログラミング言語は数多くありますが、コンピュータが直接理解できるのは、**マシン語（機械語）**と呼ばれる言語だけです。マシン語は、CPU と呼ばれるコンピュータの心臓部が直接処理できる言語であり、中身は0と1の数値の羅列だけなので、人間がこれを読み解くことはほぼ不可能です。

このマシン語は、CPU の種類によって系統が変わってきます。例えば、パソコンなどで主に利用されているインテル社の Core i シリーズと、スマートフォンなどのモバイル端末で主に使われている ARM とでは、まったく系統の異なるマシン語が使われています。

また、パソコンには Windows や Linux 、macOS など、多様な OS が存在します。そのような中、CPU が同じでも OS が異なっていると、マシン語のプログラムはまず動きません。それは、ほとんどのプログラムが OS の機能を利用しているからです。こうした CPU や OS の違いまで考慮しながら、マシン語だけで実用的なプログラムを作ることは、ほぼ不可能といってよいでしょう。

## ◎ 人間が理解できる高級言語

マシン語だけで実用的なプログラムを作ることはほぼ不可能です。そこで使われるのが、**高級言語**です。これは人間にとって比較的理解しやすい言語のことで、Pythonやすでに紹介したさまざまなプログラミング言語も高級言語の一種です。

## ◎ コンパイラとインタープリタ

高級言語はそのままではコンピュータが理解できないので、マシン語に変換する必要があります。変換する方法は、大きく分けて**コンパイラ**と**インタープリタ**の 2 つがあります。

これらの違いは、高級言語で書かれたプログラムをマシン語に変換するプロセスの違いにあります。コンパイラは、一度にすべてのプログラムをマシン語に変換（コンパイル）し、変換後のマシン語を実行するという方式です。それに対し、インタープリタはプログラムをマシン語に変換しながら実行するという構造になっています。外国語の翻訳で例えるならば、コンパイラは「全文翻訳」、インタープリタは「同時通訳」といった感じでしょうか。

● **コンパイラとインタープリタの仕組み**

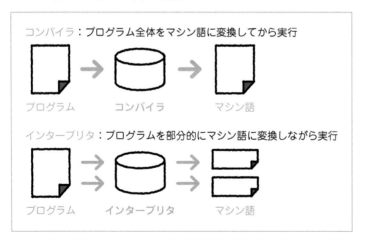

コンパイラは、コンパイル作業に時間が取られますが、コンパイル後のプログラムの実行速度が速い傾向にあります。逆にインタープリタは、コンパイル作業がなく、すぐにプログラムを実行することができますが、変換作業を行いながらの動作なので、実行速度が遅い傾向があります。

## プログラミング言語の中での Python の位置付けは？

プログラミング言語の分類がわかったところで、その中での Python の位置付けを確認しましょう。

### ◉ Pythonはインタープリタ型のスクリプト言語

Python はインタープリタ型の言語ですが、同時に、**スクリプト言語**と呼ばれる言語の１つです。スクリプト言語とは、プログラミング言語のうち、記述や実行の方法が簡単になっている言語の総称です。

スクリプト言語の最大のメリットは、単純で覚えやすいことにあります。基本的に簡単な単語でプログラムを構成できるようになっており、プログラミング初心者でも親しみやすいという特徴があります。

### ◉ マルチプラットフォーム

その他の Python 言語の特徴としては、仕様が異なる複数の OS 上で同じプログラムを利用できるという点があります。実行する環境（インタープリタ）は各 OS 用のものをインストールする必要がありますが、OS ごとにプログラム自体を書き替える必要はありません。

### ◉ Python言語には系列がある

学習を始める前に注意が必要なのが、Python は大きく分けて２系統に分かれているということです。

バージョンが古い **2.x 系**と、バージョンが新しい **3.x 系**の２系統があり、これらには互換性がありません。2.x 系は 2020 年にサポートが終了します。そのため、本書では 3.x 系統を前提として解説を進めます。

注意

このテキストは Python3 をベースに解説しています。実行環境を準備する際に間違えないようにしましょう。

**Python ってどんな言語**

- Python の言語としての特徴
- Python の歴史
- Python が活用される場面

## やさしさと実用性を兼ね備えた Python

Python は学習が容易な言語であると同時に実用性の高い言語でもあります。有名なところでは、YouTube や Instagram、さらには Dropbox といった Web サービスなどの開発にも Python が使われています。

なぜ Python はこのように学びやすいうえに、プロでも使えるような本格的なプログラミング言語になったのでしょうか？　その秘密は Python 誕生の歴史に隠されています。

## 暇つぶしとして開発された言語

Python が誕生したのは1990年。開発者はオランダのグイド・ヴァンロッサム（Guido van Rossum）という人物です。

彼はもともと ABC という教育用プログラミング言語の開発プロジェクトに携わっていましたが、残念ながらプロジェクトは中止になり、その後 Amoeba という OS の開発プロジェクトに参加します。

Amoeba は非常に複雑なシステムで、既存のプログラミング言語では思うように開発が進みませんでした。そのため、もっと使いやすい言語を使って開発ができたなら……という動機で ABC をベースに開発されたのが Python でした。

ただ、当初はあくまでも個人の思いつきレベルのものであったため、彼は Python 言語の開発をクリスマス休暇の暇つぶしとして始めます。それが今となっては世界中の有名企業が最先端の技術開発で利用するような言語になってしまったのです。

### ◉ Pythonの名前の由来

Python という名前は、イギリスの人気コメディ番組「空飛ぶモンティ・パイソン」（1969 年〜）から取られたものです。

この番組は、世界中に数多くのカルト的なファンが存在する伝説の番組で、日本でも DVD がロングセラーになっているほど人気があります。ちなみに、Python とは「ニシキヘビ」のことです。そのため Python のマスコットやアイコンにはニシキヘビが使われています。

• **Pythonのロゴ**

### ◉ Python普及のきっかけ

Python が実際に普及するまでには、かなりの時間が掛かりました。本格的に使用されるようになったのは、2000 年 10 月に公開されたバージョン 2 登場以降です。

バージョン 2 登場後も Python は次々と改良が加えられ、徐々に実用的な言語として認知されるようになってきました。数値計算ライブラリの <u>NumPy（ナムパイ）</u>や、Web フレームワークの <u>Django（ジャンゴ）</u>が誕生し、現在では世界中で愛用されるようになりました。

## ● Python が使用されている場面

Python が活用されている分野には次のようなものがあります。

### ◉ 人工知能・機械学習

プロ棋士を打ち負かした囲碁ソフト <u>Alpha Go</u> や、車の<u>自動運転アルゴリズム</u>などに使われる、高度な人工知能（AI）は <u>機械学習（きかいがくしゅう）</u>と呼ばれるアルゴリズムによって実現されています。私たちが日常的に使っている EC サイトのレコメンデーション（おすすめ商品の提示）エンジンも、この機械学習を利用しています。この人工知能や機械学習の開発現場で Python が活躍しています。

## ◎ データサイエンス

数学や統計学などの手法を使って、大量のデータから意味のある情報を導き出すような学問分野を一般に**データサイエンス**といいます。その専門家である**データサイエンティスト**は Python を駆使して**ビッグデータの解析**を行います。

## ◎ IoT

IoT とは Internet of Things の略で、日本語では「モノのインターネット」などと訳されます。インターネット家電やスマートスピーカーといった、さまざまな IoT 機器の制御で Python が利用されています。

## ◎ コンピューターグラフィックスソフトのプラグイン

映画などで使われている 3D コンピューターグラフィックスは、アーティストたちによって **Maya（マヤ）**などの専用ソフトを活用して作成されています。足りない機能を補うために**プラグイン**と呼ばれる拡張機能が使われますが、このプラグイン開発が Python で行われています。

## ◎ Webアプリケーションの作成

検索エンジンや Web メールのような Web ブラウザ上で動作するアプリケーションを **Web アプリケーション**といいます。JavaScript や PHP など、さまざまな言語で開発されますが、Python もその 1 つです。

Web アプリケーションを開発する際には、プログラミング言語そのものだけではなく、**Web フレームワーク**と呼ばれる一種の「Web アプリケーションの型」を使って開発を行いますが、Python ではすでに紹介した Django を始めとするさまざまな Web フレームワークが利用可能です。

## Python 言語のライブラリ

　Python を使うと、実にいろいろなことができることがわかったかと思います。では一体なぜこれだけさまざまな機能が実現できるかというと、その秘密は**ライブラリ**と呼ばれるものにあります。

　ライブラリとは、プログラミング言語がもともと持っていない機能を利用するために追加する部品のようなものです。

　例えば、人工知能のシステムを開発したい場合には人工知能のライブラリを利用します。Python の特徴は、高機能なライブラリが豊富に存在することと、それを容易に利用できる点にあります。Python 言語で、比較的よく使われるライブラリには以下のようなものがあります。

● さまざまなプログラミング言語

| ライブラリ名 | 使用用途 |
|---|---|
| NumPy | 数値計算処理を行うライブラリ |
| Matplotlib | NumPyをベースにしたグラフ描画のためのライブラリ |
| SciPy | 科学技術計算を行うライブラリ。NumPyをベースに開発されている |
| Pandas | データ分析のためのライブラリ |
| scikit-learn | 機械学習のためのライブラリ |
| Tensorflow | 深層学習などの人工知能のライブラリ |

# アルゴリズムと データ構造

- ▶ アルゴリズムとデータ構造の考え方を理解する
- ▶ アルゴリズムの種類とフローチャートの記述方法について学ぶ
- ▶ データ構造とアルゴリズムの関係性について理解する

## 2-1 アルゴリズムとデータ構造の概要

- プログラミングの骨組みとなるアルゴリズムについて理解する
- データを取り扱う基本となるデータ構造について理解する

### ● プログラミングの基本的考え方

　例えば、あなたがカレーを作るとします。もともとカレーの作り方を知っていれば話は別ですが、もし初めてならカレーのレシピを参考に調理をするはずです。では、レシピとは何でしょう？　レシピとは、大きく分けて「使用する材料の名前とその量」と「材料を加工して調理する手順」からなっています。カレーの場合、肉やじゃがいも、たまねぎやカレー粉などといった材料を用意し、それらを切ったり、加熱したりすることによって料理を完成させます。

　コンピュータの世界において、「材料の名前とその量」が**「データ」**と呼ばれ、「調理の手順」が**「アルゴリズム」**と呼ばれるものです。コンピュータのプログラムもまた、与えられたデータをもとに、何らかの処理を行うという意味では、料理と非常に似ています。

　つまり、コンピュータの世界におけるアルゴリズムとデータ構造というのは、いわばプログラミングの「レシピ」に相当するものなのです。お互いに切っても切り離せないものです。

● アルゴリズムとデータ構造の関係性

▶カレーの材料：データ

たまねぎ:2個　　にんじん:3個　　じゃがいも:3個　　豚肉:400g　　カレー粉:適量

▶カレーの作り方：アルゴリズム

豚肉を
3〜4cmに
切る
→
たまねぎを
くし型に
切る
→
じゃがいも
にんじんを
一口大に
切る
→　………

## ● アルゴリズムと何か

　すでに述べたとおり、アルゴリズムとは料理の手順のようなものです。仮にカレーの材料がわかっても、それらを調理する手順がわからなければ、カレーを作ることができません。それと同じように、プログラムもまたアルゴリズムがわからなければ作ることはできません。

　とはいえ、アルゴリズムを自分だけで考え出すことは、非常に難しいものです。幸いなことに、コンピュータが発明されてから今に至るまでに、多くの研究者や技術者たちによって、非常にたくさんのアルゴリズムが作成されてきました。このような先人の知恵の蓄積により、現在ではこれらを組み合わせるだけで、どんなプログラムでもだいたい作れるようになっています。

### ◉ 問題解決方法としてのアルゴリズム

　別のいい方をすれば、アルゴリズムとは問題解決の手段であるといえます。私たちが数学の問題を解くように、コンピュータのプログラムもさまざまな手段で課題を解決することができます。その際、たった1つのアルゴリズムだけで問題が解けることはまれです。現実には、複数のアルゴリズムを組み合わせたり、一部を改良したりしながら問題解決を行います。

● 問題解決へのアプローチとアルゴリズム

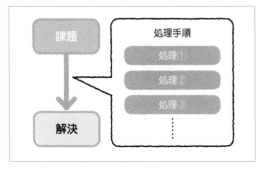

　これは、将棋や囲碁の「定石」という考え方にも似ています。多くの定石を知っていれば、対局時のそれぞれの局面において最善手を繰り出せます。それと同じで、プログラマーはアルゴリズムを多く知っていれば、より多くの問題をスムーズに解決することが可能になります。**よいプログラマーになるためには、アルゴリズムの学習が不可欠**です。逆のいい方をすると、アルゴリズムを十分知っていれば、天才でなくてもプログラミングをマスターすることは可能なのです。

## データ構造とは

　料理のレシピにおける、材料の種類とその量が「データ」にあたることはすでに説明したとおりです。では、「データ構造」とは何でしょう？　先に結論をいうと、**データ構造とは、大量のデータを効率よく管理する仕組みのこと**をいいます。料理の例でいうのなら、料理をする場合、その料理は「肉料理」「魚料理」「野菜料理」というふうに、種類ごとに分けることができます。このように、データを種類ごとに分けるなどして構造を与え、処理をしやすくするという考え方がデータ構造です。

### データ構造の例

　より具体的な例として、学校における、学生管理システムを作成する場合を考えましょう。通常、学校には非常に多くの生徒がいますが、それらを「佐藤隆」や「山田花子」などといった名前だけで管理するのは大変です。そこで、学校は各生徒に学籍番号や、学年、所属クラスなどといった、学生を特定するためのさまざまなデータを付加します。つまり、1人の学生を管理するためのデータ構造として、学籍番号・学年・組・名前というデータがひとまとまりとなったデータ構造が有効だということです。

● 学校におけるデータ構造の例

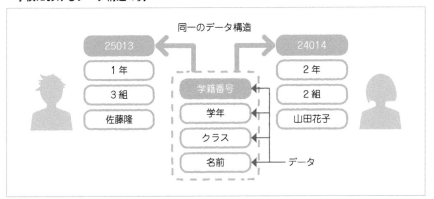

また、郵便番号を使った住所の管理方法もそうです。郵便番号は、「地図上のある場所」を効率的に管理するための7桁の数値ですが、最初の1桁が都道府県を、2桁目から3桁目で市町村、最後の下4桁で地域を限定するといった構造になっています。これも、立派なデータ構造であるといえます。このように、日常生活の中で、データ構造は非常によく使われています。

● 郵便番号におけるデータ構造の例

# 2-2 フローチャート

POINT

- フローチャートの記述方法について理解する
- アルゴリズムの 3 大処理を理解する
- アルゴリズムをフローチャートで記述してみる

## ● フローチャートとは何か

**フローチャート**とは、流れ（フロー）を表す図（チャート）という意味で、アルゴリズムを記述するための図として、長い間愛用されています。

複数の部品を矢印で結び付け、それによってアルゴリズムの処理の流れを記述します。フローチャートの構成部品には、以下のようなものがあります。

● フローチャートのダイアグラム

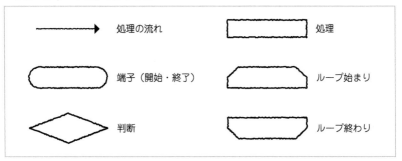

例えば、これを使って、「1 ～ 10 の乱数（ランダムな数字）を発生させ、その値が 5 未満ならその値の数だけ、"HelloWorld" という文字を表示する」というプログラムのアルゴリズムを記述すると、次の図のようになります。

- フローチャートの記述例

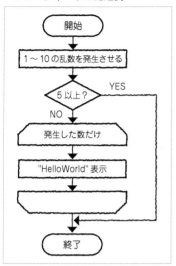

　この図を見ると、発生させた値が 5 以下であれば、その数だけ「HelloWorld」を表示し、そうでなければプログラムが終了することがわかります。このように、フローチャートとは、プログラムを記述するうえで非常に便利なツールです。

## アルゴリズムの 3 大処理

アルゴリズムには、最も基本となる処理である、次の 3 つの処理があります。

### ◉ 順次処理（じゅんじしょり）

記述した順番に処理を実行します。

- 順次処理のフローチャート

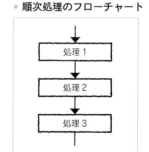

## ◎ 分岐処理（ぶんきしょり）

条件により処理の流れを変えます。

● 分岐処理のフローチャート

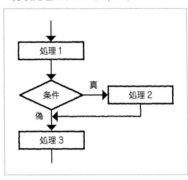

## ◎ 繰り返し処理（くりかえししょり）

条件が成立している間、処理を繰り返します。

● 繰り返し処理のフローチャート

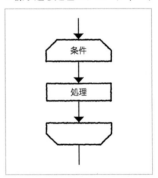

　すべてのアルゴリズムは、必ずこの3つの処理の組み合わせから構成されています。このように、この3つの処理を組み合わせてプログラムを設計する方法論のことを、**構造化プログラミング**と呼びます。

　このような構造化プログラミングにさまざまなデータ構造を適用してプログラムを作ります。データ構造については後ほど Python のプログラミングを解説する中で詳しく説明していきます。

3 **Pythonを実際に体験してみよう**

- ▶ Python のインタープリタをダウンロード・インストールする
- ▶ Python で簡単なプログラムを実行してみる
- ▶ 快適な開発環境を構築する

## 3-1 Python のインタープリタをインストールする

- ・ Python のインストーラをダウンロードする
- ・ Python のインタープリタをインストールする
- ・ IDLE を使って実際に簡単なプログラムを体験してみる

### ● Python のインストーラをインストールする

いよいよここから本格的に Python の勉強を始めていくわけですが、手始めに開発環境を構築していく方法を説明します。Python を使うためには、使用している OS に Python のインタープリタをインストールする必要があります。

インストールする方法はいくつかありますが、ここでは最も基本的な方法である公式ホームページからのダウンロードとインストールの方法について説明します。

#### ◉ Pythonの公式ダウンロードページにアクセスする

Python をダウンロードするには、Web ブラウザを開き Python 公式サイトのダウンロードページにアクセスします。

● **Python**のダウンロードページ

https://www.python.org/downloads/

❶「Looking for Python with a different OS? Python for」の後のOS名をクリック

　さまざまな OS に対応した Python のインタープリタが用意されています。ここでは Windows 版をインストールする手順で説明します。

　Python のダウンロードページ（上図）で、「Looking for Python with a different OS? Python for」の後ろに「Windows」「Linux/UNIX」「Mac OS X」「Other」と書いてあるので、「Windows」をクリックします。すると、下記の画面に移動します。

● **Windows**版の**Python**のダウンロードページ

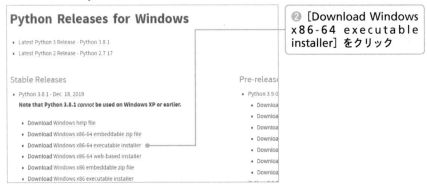

❷ [Download Windows x86-64 executable installer] をクリック

　このページにある［Download Windows x86-64 executable installer］をクリックします。なお、「Stable Releases」という見出しの下のリンクからダウンロードしていますが、これは安定したバージョンであることを意味しています。「Pre-releases」の項目は、まだ不安定な開発中のバージョンですので、本書では使用しません。

**注意**

サイト内にはバージョン2系統のダウンロードページへのリンクもあります。「Python 3.x.x」と書かれているものがバージョン3系統、「Python 2.x.x」と書かれているものがバージョン2系統ですので、バージョン3系統のほうからダウンロードしてください。

● **Python**のインストーラのアイコン

ダウンロードしたファイルをダブルクリックしてインストーラを起動します。インストールのダイアログ画面の下部にある［Add Python 3.x to PATH］に必ずチェックマークを付けてください。チェックマークを付けたら［Install Now］をクリックし、インストールを開始します。

● インストールのダイアログ

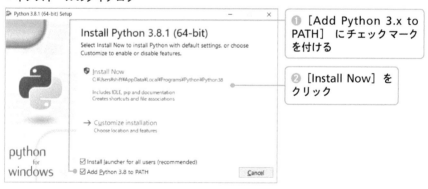

❶ ［Add Python 3.x to PATH］ にチェックマークを付ける

❷ ［Install Now］ をクリック

「Setup was successful」というメッセージが表示されたらインストールが完了です。

● インストールの完了

③ [Close] をクリック

インストールが完了すると、Windows のスタートメニューに次の項目が追加され
ます。

● メニューに追加された**Python**

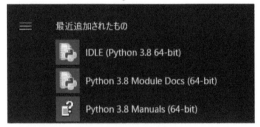

## 動作の確認

インストールが完了すると、Python を使ってさまざまな処理を行えるようになり
ます。実際に簡単な処理をいろいろ実行してみましょう。

### ◉ IDLEの起動

では簡単な処理で Python の動作を確認してみましょう。Windows スタートメ
ニューの中の「IDLE (Python 3.x 64-bit)」をクリックしてみてください。次のような
画面が現れます。

● **IDLEの起動画面**

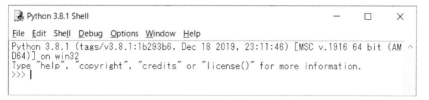

　IDLE とは、**Integrated DeveLopment Environment** の略で Python のプログラム
を実行する環境であり、簡単なテキストエディタも備えています。IDLE を起動すると、
最初に現れるのが **Python シェル**（以降シェル）のウィンドウです。
　シェルでは、直接 Python の命令を入力し実行することができます。「**>>>**」の後
に命令を入力して Enter キーを押すと、すぐにその実行結果が表示されます。

## ◎ 簡単なプログラムを試してみる

　まずは「Hello World.」という簡単な文字を表示するサンプルを実行してみましょ
う。命令の意味はわからなくてよいので、起動されたシェルに以下のとおりに入力し、
Enter キーを押してください。

**「Hello World.」と表示するプログラム**（**Sample1-1**）
```
01 print("Hello World.")
```

　命令を入力した行の次の行に「Hello World.」と表示されました。このようにシェ
ルを使って、さまざまな命令を入力し、その実行結果を得ることができます。

● **Sample1-1の実行結果**

　なお、上記で入力した「print」とは、それに続くカッコ内に入っているものを表
示させるための命令です。print のような命令のことを、Python では**関数（かんすう）**
といいます。Python のプログラムは、最初から用意されている関数を利用したり、
オリジナルの関数を作って利用したりすることができます。

　プログラムが実行された後の画面を見ると、再び「>>>」が表示されています。つまり、何度でもプログラムを入力して実行することが可能です。試しに、以下のプログラムも入力してみてください。前述のように、「>>>」の後に入力し、Enter キーを押してください。

**簡単な計算を行うプログラム（Sample1-2）**

```
01  1 + 2
```

　すると、計算結果である「3」という数値が得られます。

● **Sample1-2の実行結果**

```
Python 3.8.1 Shell                                    —    □    ×
File  Edit  Shell  Debug  Options  Window  Help
Python 3.8.1 (tags/v3.8.1:1b293b6, Dec 18 2019, 23:11:46) [MSC v.1916 64 bit (AM
D64)] on win32
Type "help", "copyright", "credits" or "license()" for more information.
>>> print("Hello World.")
Hello World.
>>> 1 + 2
3
>>> |
```

　このように Python のシェルを使って、電卓のような計算を行うこともできます。Python はアプリケーションのような大規模なプログラムを作ることもできますが、このようにシェルを使って 1 行ずつ実行していくこともできるのです。

◉ **入力を間違った場合**

　プログラムを入力していくと、打ち間違いをしてしまうこともあるでしょう。そんな場合、Python のインタープリタは間違いを教えてくれます。例えば、以下のように「print」の「t」が抜けてしまったとします。

**間違いのあるプログラムの例（Sample1-3）**

```
01  prin("Hello World.")
```

　人間には「print」も「prin」も似たようなものですが、Python の命令として受け付けられるのはあくまでも「print」だけです。このように間違った入力をした場合、**エラー（Error）** が発生し、プログラムが動きません。

1日目

はじめの一歩

● 入力ミスにより発生したエラーの例

```
>>> prin("Hello World.")
Traceback (most recent call last):
  File "<pyshell#2>", line 1, in <module>
    prin("Hello World.")
NameError: name 'prin' is not defined
>>>
```

　画面に表示される赤い文字は、**エラーメッセージ**です。メッセージの最終行の「NameError: name 'prin' is not defined」という一文が、今回のエラーの詳細を表しています。

## ◉ エラーを読み取る

　NameError は「名前の間違いがある」という意味で、その後に具体的な内容が記述されています。エラーメッセージを日本語に訳すと、「'prin' という名前は定義されていません」となっています。このようにインタープリタは間違いがあるとそのエラーの種類と内容を教えてくれるのです。

　エラーが出てもプログラムを打ち間違えたところでパソコンが壊れてしまうわけではありません。ですから、間違いを恐れずにどんどんサンプルプログラムを入力したり、それを変更したりしてみてください。

1日目

# 3-2 Visual Studio Code のインストール

**POINT**

- Visual Studio Code（ビジュアルスタジオコード）とは何か
- Visual Studio Code をインストールする
- Python 開発の環境を整える

## ● IDLE の問題点とソースコードエディタ

IDLE は Python をインストールしたらすぐに使える手軽さが長所ですが、あまり使い勝手がよくありません。そのため、もっと実用的なプログラミング環境を別途に構築する必要があります。その手段には、2 つの方法があります。1 つは、**IDE（統合開発環境）**を利用する方法であり、もう 1 つはプログラミングに特化した高機能の**テキストエディタ**を利用する方法です。

IDE はプログラムの入力・実行・デバッグなどを 1 つの環境で行うことができるツールであり、代表的なものとしては、Anaconda、Eclipse、VisualStudio などが存在します。IDLE 自体も簡易な IDE の一種です。

テキストエディタには、Atom や Sublime Text、**Visual Studio Code** などが存在します。これらのエディタは、一般的にソースコードエディタなどと呼ばれ、プログラミングに特化したさまざまな機能が用意されています。

近年、IDE が巨大化し、処理が重くなるなどの弊害が出てきたことから、プログラミング開発には高機能テキストエディタを使うケースが増えてきています。本書でもテキストエディタを利用した開発方法について説明します。

## ● ソースコードエディタの Visual Studio Code

本書では Python のプログラムを開発するためのテキストエディタとして Visual Studio Code（以後、VSCode）を利用します。

これはマイクロソフトが開発したエディタで、無料でダウンロード・利用できます。しかも Windows、Linux、macOS といった複数の OS で利用可能です。

34

プログラミングに特化したさまざまな機能が充実しており、Python プログラム用のさまざまなツールが用意されており、Python の学習が快適になります。

## VSCode のダウンロードとインストール

VSCode は公式ダウンロードページから入手します。

● **VSCodeのダウンロードページ**
https://code.visualstudio.com/download

使用している OS のインストーラを選択してダウンロードします。ここでは Windows のケースについて解説します。

● **VSCodeのインストーラ**

VSCodeUserSet
up-x64-1.38.1

### ◎ インストールまでの流れ

インストーラをダブルクリックするとインストールが開始されます。インストーラが起動するとライセンスに関する同意を求められるので［同意する］を選択し［次へ］をクリックします。

● 使用許諾契約書の同意

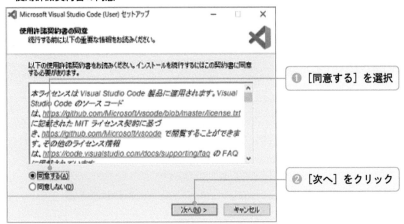

① [同意する] を選択

② [次へ] をクリック

次に「インストール先の指定」ですが、そのまま [次へ] をクリックします。

● インストール先の指定

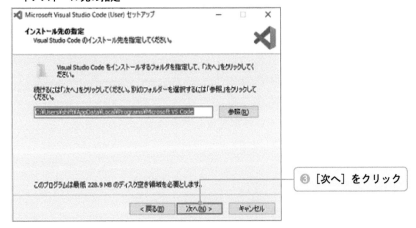

③ [次へ] をクリック

次の「プログラムグループの指定」もそのまま [次へ] をクリックします。

- プログラムグループの指定

④ ［次へ］をクリック

　最後に「追加タスクの選択」を行います。デフォルトでは［PATH への追加］にだけチェックが付いていますが、さらに下記の項目にもチェックマークを付けます。

- デスクトップ上にアイコンを作成する
- エクスプローラーのファイルコンテキストメニューに［Code で開く］アクションを追加する

　チェックが完了したら［次へ］をクリックします。

- 追加タスクの選択

⑤3つの項目にチェックマークを付ける

⑥ ［次へ］をクリック

以上でインストール準備は完了です。最後に［インストール］をクリックするとインストールが実行されます。

● インストール準備完了

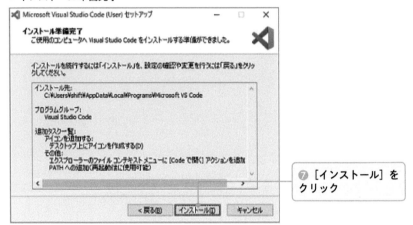

⑦ ［インストール］を
クリック

## ◎ インストールの完了と起動

インストールが完了したら「完了」ボタンをクリックし、インストーラを終了させます。

● セットアップウィザードの完了

⑧ ［完了］をクリック

インストールが完了すると、VSCode が起動します。

● **起動したVSCode**

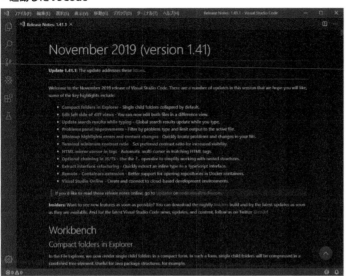

## VSCode の機能の拡張

続いて VSCode を使いやすくするための機能の拡張について説明します。ここでは日本人が Python プログラミングを開発するために必要な機能拡張を行っていきましょう。まずはじめにやらなくてはならないのが、VSCode の日本語化です。

### ◉ VSCodeの日本語化

VSCode は大変便利なのですが、インストールした段階ではすべてが英語表記になっており、日本語化がされていません。そのため、別途「Japanese Language Pack」という機能を追加しなくてはなりません。

VSCode にはマーケットプレースという機能があり、この中からさまざまな拡張機能を検索し追加することができます。日本語化を実現する「Japanese Language Pack」もここから入手可能です。

● 起動したVSCode

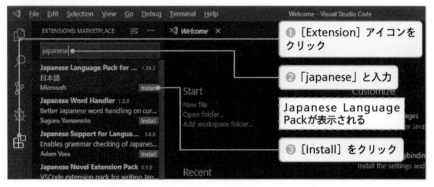

インストールが完了すると、右下に次のようなダイアログが現れます。

● VSCodeの再起動を促すダイアログ

VSCode を日本語で使うには再起動が必要だという意味のメッセージなので、「Restart Now」をクリックして VSCode を再起動させましょう。

すると、再び VSCode が起動し、先ほどはすべて英語だったメニューやメッセージがすべて日本語に変わっていることが確認できます。

● 日本語化したVSCode

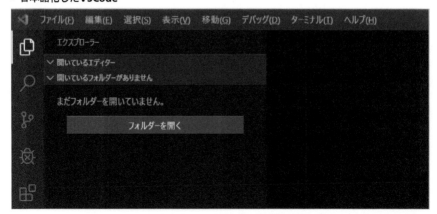

## ◉ Python Extension Packをインストールする

　続いて、Python の開発を容易にする環境を構築しましょう。日本語化の場合と同様に、マーケットプレースから拡張機能を入手します。Python に関する拡張機能としては「Python Extension Pack」が存在します。この機能を使うと、VSCode 上でPython のプログラミングが容易になるうえに、プログラムを直接実行できます。そのため開発効率を大きくアップさせることが可能です。

　再びマーケットプレースを開いて、検索キーワードの欄に「Python Extension」と入力してください。すると一覧の中に「Python Extension Pack」が現れるので「Install」をクリックして機能拡張をインストールしてください。

• **Python Extension Packをインストール**

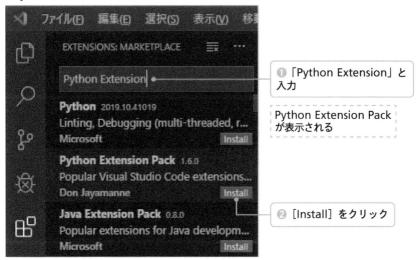

　これで学習のための準備は整いました。2 日目からは、最初に入れた IDLE と、この VSCode を活用して、実際に Python でさまざまなプログラムを開発していく学習を進めていきましょう。

## 練習問題

 正解は 304 ページ

### 問題 1-1 ★☆☆

アルゴリズムの 3 大処理を答えなさい。

### 問題 1-2 ★☆☆

インタープリタとコンパイラの違いについて説明しなさい。

### 問題 1-3 ★☆☆

VSCode の説明として正しいものをすべて選びなさい。

(1) Python 言語専用の IDE（統合開発環境）である。
(2) Python 言語のプログラムの入力から実行までを一括で行える。
(3) マイクロソフト社によって開発されたツールである。
(4) 機能拡張はできない。

# 2日目

# 演算と関数

# 1 演算

- 基本的な演算の方法と書式を理解する
- 変数を使って複雑な演算を行えるようになる
- さまざまな関数を使ったプログラムを作成する

## 1-1 演算の仕組み

- 足し算や引き算などの基本的な計算の方法を学ぶ
- 主要な演算子の種類と使い方をマスターする
- 数値以外にもさまざまな演算があることを学ぶ

### 演算とは何か

「1 日目」では print 関数を使って、文字を表示しました。次は、さまざまな数字の計算について学んでいくことにしましょう。

プログラミングでは、計算処理のことを**演算（えんざん）**と呼びます。また、演算に利用する「+」や「-」といった記号を、**演算子（えんざんし）**といいます。

私たちが日常的に行っている足し算や引き算などのような計算は、**算術演算（さんじゅつえんざん）**といいます。演算にはこのほかにも比較演算や論理演算などの種類があり、それぞれ必要になったときに説明していきます。

**演算子**

**用語**　演算を行うための記号。算術演算、比較演算、論理演算のための演算子がそれぞれ用意されている。

### ◎ 算術演算

Python の算術演算で使われる演算子は、次の表のとおりです。

算術演算で使われる演算子

| 演算子 | 意味 | 使用例 |
|---|---|---|
| + | 加算 | 15 + 4 |
| - | 減算 | 15 - 4 |
| * | 乗算 | 15 * 4 |
| / | 除算（実数） | 15 / 4 |
| // | 除算（整数） | 15 // 4 |
| % | 剰余 | 15 % 4 |
| ** | べき乗 | 2**4 |

　除算（割り算）が 2 種類ある理由などの詳細については、この後に説明していきますが、演算子には優先順位があります。例えば、算数の場合は掛け算・割り算が足し算・引き算よりも優先順位が高くなりますが、Python の演算子も同様に乗算・除算が加算・減算よりも優先順位が高くなります。

### ◎ 簡単な計算にチャレンジしてみる

　例えば、足し算や引き算をする場合は、次のように数値と演算子を組み合わせて書きます。

**Sample2-1**
```
01  15 + 4
```

● 実行結果
```
19
```

**Sample2-2**
```
01  15 - 4
```

● 実行結果
```
11
```

　このように、足し算・引き算の演算は、私たちが算数で習ったものと変わりません。しかし、掛け算の場合は「×」ではなく「*」（**アスタリスク**）という記号を使います。

**Sample2-3**
```
01  15 * 4
```

● 実行結果
```
60
```

これらの式を実際に Python シェルに入力し、結果を確認してみてください。「1 日目」では print 関数を使って文字を表示しましたが、Python シェルを利用して演算する場合は、print 関数を使わなくても、式だけで結果を表示できます。

● **Sample2-1からSample2-3の実行結果**

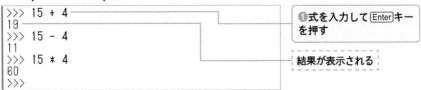

```
>>> 15 + 4
19
>>> 15 - 4
11
>>> 15 * 4
60
>>>
```

❶式を入力して Enter キーを押す

結果が表示される

## ◎ 割り算の使い分け

除算の演算子は「/」（スラッシュ）と「//」（スラッシュ 2 つ）の 2 種類があります。これらには明確な違いがあります。実際に同じ計算をこれらの記号を使って実行してみましょう。「15 ÷ 4」の計算をまずは「/」演算子を使って行ってみます。

**Sample2-4**
```
01  15 / 4
```

● 実行結果
```
3.75
```

このように、**結果は小数点以下まで表示**されます。続いて同じ計算を「//」演算子で行ってみましょう。

**Sample2-5**
```
01  15 // 4
```

● 実行結果
```
3
```

結果を見ると、**小数点以下の数値が切り捨てられている**ことがわかります。

つまり「/」を使うと結果を小数点まで表示し、「//」の場合の結果は小数点以下が切り捨てられて整数で表示されるのです。

## ◉ 剰余（余り）の演算

15 は 4 では割り切れないため、整数の除算を行うと当然のことながら「余り」が生じます。場合によってはこの余りを求めたいこともあるでしょう。そんなときに使用するのが剰余の演算子である「**%**」（パーセンテージ）です。

これを使って「15 ÷ 4」の余りを求めるには以下のように記述します。

**Sample2-6**
```
01 15 % 4
```

● 実行結果
```
3
```

15 を 4 で割った余りは 3 なので、このように結果として「3」が表示されます。割り算と剰余の式を実際に入力して結果を確認してみましょう。

● **Sample2-4からSample2-6の実行結果**
```
>>> 15 / 4
3.75
>>> 15 // 4
3
>>> 15 % 4
3
>>>
```

## ◉ 0での割り算

なお、割り算において注意しなくてはならないポイントは **0 での割り算はできない**という点です。例えば、以下のような計算をすることはできません。

**Sample2-7**
```
8 // 0
```

実際にこの割り算を行おうとすると、次のような結果になります。

● 0での割り算を行った結果

```
>>> 8 // 0
Traceback (most recent call last):
  File "<pyshell#9>", line 1, in <module>
    8 // 0
ZeroDivisionError: integer division or modulo by zero
>>>
```

表示されている「ZeroDivisionError: integer division or modulo by zero」とは、0 での割り算をしようとしたことによって発せられたエラーメッセージです。

**注意**

数学でも 0 による割り算はできませんが、Python の演算についても同様です。

**用語**

**例外（れいがい）**

プログラム自体には文法的に間違いがないにも関わらず、プログラム実行時に発生してしまうエラーを 例外（れいがい）といいます。0 での割り算は最も基本的な例外の 1 つです。

## ● 計算の優先順位の変更

算術演算では、カッコを使うことによって計算の順序を変更することができます。例えば、「3+2*4」と計算すると、まずは「2*4」を先に計算し、その後に 3 を加算するので、結果は 11 となります。

**Sample2-8**

```
01  3+2*4
```

● 実行結果

11

これを「(3+2) * 4」とすると、カッコの中の「3+2」を先に計算し、その結果の 5 に 4 を掛けるので、答えは 20 となります。

**Sample2-9**

`01` （3+2)*4

● 実行結果

`20`

● カッコを使った演算

● **複雑な演算**

　カッコを入れ子にすると、より複雑な計算を行うことが可能です。

**Sample2-10**

`01` (4+(2+3*2)) / 5

● 実行結果

`2.4`

　この計算では、まず内側のカッコ内の「2 + 3 * 2」という計算が行われます。次に外側のカッコ内の計算が行われ、「8」と「4」の足し算が行われます。その結果の「12」が「5」で割られるため、「2.4」という結果になります。

● **Sample2-10の計算のイメージ**

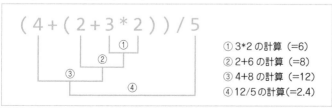

カッコは、内側にあるものほど演算の優先順位が高くなります。

**重要**

## ◉計算と符合

演算子「+」および「-」は、加算・減算の符号として使われるほかに、「プラス」「マイナス」を表す符号でもあります。例えば以下のように「1+(-3)」を実行すると、「1-3」を行ったのと同じ結果が得られます。

**Sample2-11**

```
01 1+(-3)
```

● 実行結果

```
-2
```

また、「+」を数値の前に付けるとその数値はそのまま出力されます。

**Sample2-12**

```
01 +3
```

● 実行結果

```
3
```

## ● Python で扱えるデータの種類

ここまでは、Python で扱えるデータの種類として、数値だけを扱ってきましたが、Python では数値以外にもさまざまな種類のデータを扱うことができます。

ここでは Python で扱える**データ型**について解説します。データ型とはデータの種類のことで、数値や文字列などがそれに該当します。

**データ型**

**用語** データの種類のこと。int や str などの名前が付いています。

Python で扱うことが可能な主なデータ型を次の表に示します。

- **Python**で取り扱い可能なデータ型

| 名称 | 概要 | 例 |
|------|------|-----|
| int | 整数 | 1、-4、0 |
| float | 小数点の付いた数 | 1.12、-3.05、4.0 |
| str | 文字列 | "Hello"、'Hello' |
| bool | ブール値（真偽値） | True、False |

　実はこれ以外にも Python にはさまざまなデータ型が存在しますが、それらに関しては後ほど必要に応じて解説します。

**参考**

> データ型は type 関数で確認できます。「type( データや変数 )」と入力して実行すると、データ型が表示されます。

## ◎ 整数（int）

　整数はコンピュータで扱う最も基本的なデータ型の１つです。多くのプログラミング言語では、扱える整数値の範囲に制限がありますが、**Python3 では、原則的に使用できる範囲に制限はありません**。非常に大きな桁の数値でも計算できます。

## ◎ 実数（float）

　3.14 や -0.1 のように小数が付いた数値、つまり実数を扱う場合、コンピュータでは**浮動小数点数（ふどうしょうすうてんすう）**というデータ型を使います。浮動小数点数とは英語の「floating point number」の訳語で、そのため一般にプログラミングの世界では、実数の型を float とも呼びます。

## ◎ ブール値（bool）

　コンピュータの処理の中では、正しいことを表す**真（しん）**と、間違っていることを表す**偽（ぎ）**というデータを扱うことがあります。こういった真か偽しかないデータ型をブール型といい、真は英語で True、偽は英語で False と表されます。

## ◉ 文字

コンピュータは原理的に数値データしか扱えないので、文字も**文字コード**という整数値で認識しています。一般に文字というデータ型は、この文字コードの数値を意味する言葉です。

現在使われている文字コードにはいくつかの種類があり、文字コードによって文字と数値の対応が異なります。

◦ 主な文字コード

| 名前 | 特徴 |
|------|------|
| ASCII | 現代英語やヨーロッパ言語で使われるラテン文字を中心とした文字コード。 |
| JIS | インターネット上で標準的な文字コード。特に電子メールでの使用が一般的。 |
| Shift_JIS | マイクロソフト社が開発した文字コード。ASCIIコードの文字に日本語の文字を加えたもの。Windows・macOSで利用される。 |
| EUC | UNIX系OSで利用可能な文字コード。日本語の文字を収録したものを日本語EUCあるいはEUC-JPと呼ぶ。 |
| UniCode | 国際的な業界標準の1つで、世界中のさまざまな言語の文字を収録して通し番号を割り当てたもの。 |
| UTF-8 | Unicodeで定義された符号化文字集合をバイト列に変換する方式の1つ。さまざまな分野で利用されている。 |

Python、特に Python3 で忘れてはならないのが、文字コードに **UTF-8** を使用するという点です。Python2 までは文字コードに関する規定はありませんでしたが、Python3 では標準で UTF-8 を使用するという明確なルールがあります。

## ◉ 文字列（str)

複数の文字をまとめて、単語や文章を表すものが**文字列**です。Python に限らず多くのプログラミング言語は、文字と文字列は明確に違うものとして区別しています。

文字列は、「'」（シングルクォーテーション）や、「"」（ダブルクォーテーション）で囲んで表します。例えば、'ABC' や "Hello" といった表現は文字列です。

文字列内の文字がすべて数字であったとしても、「'」や「"」で囲まれていれば文字列です。例えば、'123' や "3.14" は見た目は数値ですが、扱いは文字列になります。

## ◉ エスケープシーケンス

なお、「'」や「"」ような記号を文字列の中で表示したいときには、頭に \ （バック

スラッシュ）を付けます。このような文字の表現のことを**エスケープシーケンス**とい
い、「'」や「"」のような特殊な記号を文字列に含める場合に使われます。

Python で使われる代表的なエスケープシーケンスを下表に示します。

● 代表的なエスケープシーケンス

| エスケープシーケンス | 意味 |
| --- | --- |
| \a | ベル（データの送信時に用いる制御文字の一種） |
| \b | バックスペース |
| \f | 改ページ |
| \n | 改行 |
| \r | キャリッジリターン（同じ行の先頭に戻る） |
| \t | 水平タブ |
| \\ | 「\」そのもの |
| \" | 「"」ダブルクォーテーション |
| \' | 「'」シングルクォーテーション |
| \nnn | 8進数nnnでASCIIコードの文字を指定 |
| \xhh | 16進数hhでASCIIコードの文字を指定 |
| \uhhhh | 16進数hhhhでUnicodeの文字を指定 |
| \0 | NULL |

## 文字列の演算

　ここまでは数値の演算のみを扱ってきましたが、文字列の演算もあります。まずは
+ 演算子を使う例を紹介します。+ 演算子は、演算の対象が数値の場合は加算、もし
くは正の数値を意味しますが、対象が文字列の場合は結合となります。試しに次のサ
ンプルを Python シェルに入力してみてください。

**Sample2-13**

```
01 print("Hello"+"World")
```

● 実行結果

```
HelloWorld
```

このほかに * 演算子も文字列の演算に使うことができます。数値の場合は掛け算ですが、文字列の場合は複数回繰り返すという意味になります。

**Sample2-14**
```
01 print(3*"Hello")
```

● 実行結果

```
HelloHelloHello
```

「Hello」という文字列の前に「3*」と記述すると、文字列を 3 回繰り返した'HelloHelloHello' という文字列が得られます。文字列を先にして「"Hello"*3」としても同じ結果になります。

● 文字列の演算の実行例

```
>>> print("Hello"+"World")
HelloWorld
>>> print(3*"Hello")
HelloHelloHello
>>>
```

例題 2-1 ★☆☆

以下の計算を Python シェルで行いなさい。

① 5 + 4
② 5 - 3
③ 4 × 2
④ 7 ÷ 2（小数点以下は切り捨て）

### 解答例と解説

　Python シェルで四則演算を行う問題です。足し算や引き算は、そのまま「+」と「-」を使えば計算できます。

- ①の答え

```
01  5 + 4
```

- 実行結果

```
9
```

- ②の答え

```
01  5 - 3
```

- 実行結果

```
2
```

　掛け算の演算子は「*」となるため、③の計算は以下のようになります。

- ③の答え

```
01  4 * 2
```

- 実行結果

```
8
```

割り算の演算子は、「/」と「//」がありますが、ここでは小数点以下を切り捨てるという指示があるため、「//」を使います。

● ④の答え

```
01 7 // 2
```

● 実行結果

```
3
```

 例題 2-2 ★☆☆

print 関数を使って以下のように「Python」という文字を続けて 3 回表示しなさい。

```
PythonPythonPython
```

 解答例と解説

「Python」という文字列を 1 回表示するためには「print("Python")」とします。3 回表示するためには「*」を使って 3 回表示させます。

● 解答例1

```
01 print(3*"Python")
```

もしくは、以下のような記述してもかまいません。

● 解答例2

```
01 print("Python"*3)
```

# ✎ 例題 2-3 ★☆☆

上底が 3cm、下底が 4cm 高さが 5cm の台形の面積を求めなさい。

## 💡 解答例と解説

台形の面積は（**上底＋下底**）**×高さ÷2** という公式で求めます。答えは次のとお りです。

● **解答例**

```
01  (3 + 4) * 5 / 2
```

● **実行結果**

```
17.5
```

面積を求めるためには、割り算で小数点以下の値が表示される必要があります。そ のため演算子は「/」を使います。

# 1-2 変数

POINT

- 変数の概念と使い方を理解する
- 変数を使った演算を理解する
- 代入演算子の使い方を学ぶ

## 変数とは何か

　ここまでの内容でさまざまな演算を行うことができるようになりましたが、ここに1つ問題があります。例えば円の面積を求める計算をしたいとき、私たちは円周率「3.14159」という数値を使用します。一度だけ計算をするのならともかく、何度も計算をするたびに同じ「3.14159」を入力するのは大変です。

　そんなとき、「pi」のような数値の代わりになる入れ物を使うことができたら、処理の記述が楽になります。このように、名前の付いた入れ物に値を入れる仕組みのことを**変数（へんすう）**といいます。

## 変数の定義と代入

　変数はデータを入れる箱のようなもので、数値や文字列などが入れられます。変数に値を入れることを**代入（だいにゅう）**といいます。

● 変数に値を代入する

```
01  num = 100
02  d = 1.23
03  s = "Hello"
```

　代入には「**=**」**（イコール）**演算子を使い、左辺に変数名、右辺に値を設定します。「num=100」は、num という名前の変数に 100 という値を代入することを意味します。同様に「s = "Hello"」とすると、s という名前の変数に Hello という文字列を代入することを意味します。

● **変数に値を代入するイメージ**

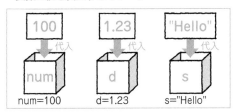

なお、変数の値は何度でも書き替えることができます。

## 変数名のルール

変数名は基本的に自由ですが、以下のような法則に従って命名しましょう。

- 1文字目は英文字か「_」（アンダーバー）
- 2文字目以降は英数文字、もしくは「_」
- 予約語は使用できない

使える変数の例は次のとおりです。

● **変数名として使える名前の例**

a    i    number    CountryName    _num5    bg_color    city2020

このように、変数の名前はアルファベット1文字か簡単な英単語を使ったものが一般的です。続いて、変数名として使えない名前の例を紹介しましょう。

● **変数名として使えない名前の例**

100names    2Baa

これらはいずれも数値から始まっています。そのため「1文字目は英文字か_」というルールに反しています。

**用語**

**予約語**

予約語とは別名キーワードといい、あらかじめ別の役割が与えられている文字列や単語のことです。

## ● 変数と演算

実際に変数にさまざまな値を代入し、演算なども行ってみましょう。

### ◉ 数値の変数と演算

まずは数値の演算を試してみましょう。以下のサンプルを Python シェルに 1 行ずつ入力して [Enter] キーを押し、実行結果を確認してください。

**Sample2-15**

```
01  m = 2
02  m
03  m = m + 1
04  m
```

これを実行すると、結果は次のようになります。

● **Sample2-15の実行結果**

```
>>> m = 2
>>> m
2
>>> m = m + 1
>>> m
3
>>> |
```

　最初に「m = 2」を実行した後に変数名の「m」だけを入力すると、その値である「2」が表示されます。このように、Python シェルでは変数名を入れて [Enter] キーを押すと、その内容を確認できます。

　整数を代入した変数は整数と同等に扱えるため、**整数と同じ演算を行うことができ**ます。3 行目の「m = m + 1」は、<u>m+1 の値を m に新しく代入する</u>ということを表しています。当初 m には 2 という値が入っていたので、m には 2+1 の演算結果である 3 が入ることになります。

● **変数の値は変化する**

```
m = 2 ①
m = m + 1
        ②
    ③
```

①mに 2 を代入
②m+1 の計算（=2+1=3）
③mに②の値を代入

「=」という記号は数学では左辺と右辺の値が等しいことを表すので、「m=m+1」という式の結果に違和感を覚えるかもしれません。Python の「=」演算子はあくまでも代入するためのもので、等しいという意味はないのです。

**重要**　= 演算子は「等しい」という意味ではなく、「変数に代入する（値を記憶する）」という意味です。

### ◎ 少し複雑な演算

続いて、変数を使ったもう少し複雑な演算をしてみましょう。今度は円の面積を求める計算をしてみます。次のプログラムを Python シェルに入力してください。

**Sample2-16**
```
01  PI = 3.141592
02  r = 3.0
03  PI * r**2
```

これらを 1 行ずつ入力していくと、次のような結果を得ることができます。

● **Sample2-16の実行結果**
```
>>> PI = 3.141592
>>> r = 3.0
>>> PI * r ** 2
28.274328
```

円の面積は「円周率×半径の 2 乗」で求められます。したがって円周率を「PI」とし、半径を「r」としたとき、面積は「PI * r ** 2」もしくは「PI * r * r」で求められます。

円周率のようによく使う数値は、通常 Python 以外のプログラミング言語では変更不可能な変数として定義します。一般には、このような変更しない変数のことを**定数（ていすう）**と呼びますが、Python の仕様の中には定数を定義する機能がありません。その代わり、慣習的に Python では、**定数を表したい場合は変数名のアルファベットをすべて大文字にする**ことになっています。

**重要**　変数名のアルファベットがすべて大文字の場合、定数を意味します。

今度は「r = 2.0」として円の面積を求めてみましょう。

**Sample2-16**
```
01  r = 2.0
02  PI * r**2
```

● 実行結果
```
12.566368
```

r に代入する数値以外はまったく同じプログラムですが、結果が変わっています。このように変数を使えば、同じ式で違う結果を得ることができるのです。

## ◎ 文字列の変数の演算

次に文字列を代入した変数の演算を見てみましょう。次のサンプルは、2 つの変数 s1 と s2 に文字列を入れて + 演算子で結合したものです。

**Sample2-17**
```
01  s1 = "ABC"
02  s2 = "DEF"
03  s = s1 + s2
04  s
```

実際に Python シェルに 1 行ずつ入力してみましょう。次のような実行結果を得ることができます。

● ＋演算子を使った文字列変数の結合

```
>>> s1 = "ABC"
>>> s2 = "DEF"
>>> s = s1 + s2
>>> s
'ABCDEF'
```

文字列は「+」を使って結合することができますが、変数に入れた場合も同様です。変数 s には、「ABC」と「DEF」を結合した「ABCDEF」という文字列が入ります。

また、「*」を使った繰り返しも利用できます。

**Sample2-18**
```
01  t = 3 * s
02  t
```

Sample2-17 を実行した結果、変数 s には "ABCDEF" が代入されています。そのため、Sample2-18 を実行すると、t には s を 3 回繰り返した文字列が代入されます。

● *演算子を使った文字列の繰り返し

```
>>> t = 3 * s
>>> t
'ABCDEFABCDEFABCDEF'
```

## 代入演算（累算代入）

数値の変数 m に 1 を足したい場合、「m = m + 1」と記述します。このような計算は使用頻度が高いので、簡略化した書き方が用意されています。それが**累算代入演算子（るいさんだいにゅうえんざんし）**です。

次の表のようなものが利用できます。

● 主要な累算代入演算の例

| 演算子の使用例 | 同等の演算 | 意味 |
| --- | --- | --- |
| m += n | m = m + n | mにnを足す |
| m -= n | m = m - n | mからnを引く |
| m *= n | m = m * n | mにnを掛ける |
| m /= n | m = m / n | mをnで割る（小数点以下の値も得る） |
| m //= n | m = m //n | mをnで割る（小数点以下は切り捨てる） |
| m %= n | m = m % n | mをnで割った余りを得る |

累算代入演算を使った演算の例として、次の処理を入力してみてください。

**Sample2-19**
```
01 num = 10
02 num *= 2
03 num
04 num += 3
05 num
```

num に 10 を代入し、2 行目でそれに 2 を掛けることから、num は 20 になります。続いて 4 行目でその値に 3 を足すため、値は最終的に 23 になります。

● 累算代入演算子を使った演算の例

```
>>> num = 10
>>> num *= 2
>>> num
20
>>> num += 3
>>> num
23
```

　このように、累算代入演算子を使うと変数の演算が容易になります。

　累算代入演算を使うことができるのは数値の演算ばかりではありません。文字列の演算でも利用可能です。

**Sample2-20**
```
01  st ="Hello"
02  st += "Python"
03  st
04  st *= 2
05  st
```

　最初に変数 st に「Hello」という文字列を代入し、その後代入演算子「+=」で「Python」を追加します。すると、st の値は「HelloPython」となります。続いて、「*=」演算子を使って 2 を掛けることにより、s の値は最終的に「HelloPythonHelloPython」となります。

● 文字列の変数と代入演算子

```
>>> st = "Hello"
>>> st += "Python"
>>> st
'HelloPython'
>>> st *= 2
>>> st
'HelloPythonHelloPython'
```

　このように、文字列の場合も数値の場合と同様に累算代入演算子が使えます。ただし数値計算とは違い、文字列で使える累算代入演算は限られています。例えば、「/」や「%」といった演算子は文字列で使えないことから、「/=」や「%=」という累算代入演算は存在しません。

# スクリプトファイルの実行

- ▶ スクリプトファイルを入力・実行してみる
- ▶ さまざまな関数の使い方を身に付ける
- ▶ 関数と演算を使った高度なプログラムを作ってみる

## 2-1 スクリプトファイルの入力と実行

- ・ VSCode でスクリプトファイルを入力する方法について学ぶ
- ・ 入力したスクリプトファイルを実行する方法について学ぶ
- ・ エラーが出た場合の対処方法についても理解する

### ● スクリプトファイルを実行するには

　これまで単純な計算や文字列を表示する処理を Python シェル上で実行してきました。すぐに実行結果を得られるのが Python シェルのよいところなのですが、これだけでは本格的なプログラムを作ることはできません。

　ここからは Python のスクリプトファイルを作って実行していきましょう。一般にはプログラミング言語で書かれたプログラムを記述したファイルを**ソースコード**と呼びますが、Python のソースコードのことは特に**スクリプトファイル**と呼びます。

　Python のスクリプトファイルは「.py」という拡張子が付きます。スクリプトファイルを作って実行するには、1 日目でインストールした VSCode が活躍します。

### ● スクリプトファイルの作成

　手始めにスクリプトファイルの入力を行います。VSCode を起動し、次の手順にしたがって作業を進めてください。

## ◎(1)ワークスペースの作成

　入力を始める前に**ワークスペース**の作成を行います。ワークスペースとは、文字どおり作業を行うための領域のことです。パソコン内のどこでもよいので、自分が管理できる任意の場所に、Python のプログラムを保存するための作業用フォルダーを作成します。フォルダー名は「Python」としておきましょう。その後、メニューから［ファイル］-［フォルダーをワークスペースに追加］をクリックし、先ほど作ったフォルダーを指定して［追加］をクリックしましょう。

● ワークスペースの追加

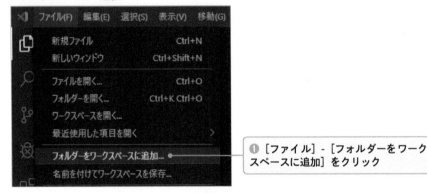

❶［ファイル］-［フォルダーをワークスペースに追加］をクリック

● ワークスペースに追加するフォルダーを選択

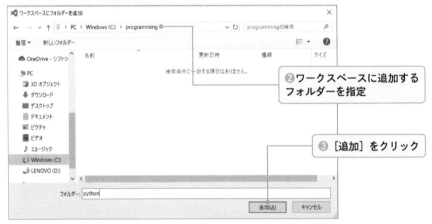

❷ ワークスペースに追加するフォルダーを指定

❸［追加］をクリック

注意　パス名に日本語が入っていると正しく動作しなくなることがあります。フォルダー名・パス名は英数字で記述してください。

## ◉ (2)スクリプトファイルの追加

続いて、いよいよスクリプトファイルを作成します。ワークスペースを追加すると、画面左側の［エクスプローラー］に指定したワークスペースが表示されます。フォルダー名が表示されているので、このフォルダー名をクリックします。すると、［新しいファイル］アイコンが現れるのでクリックします。

● ファイルの追加

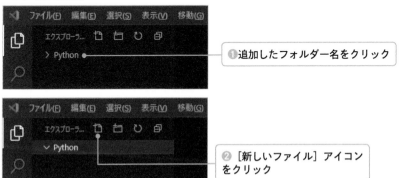

❶追加したフォルダー名をクリック

❷［新しいファイル］アイコンをクリック

ファイル名を入力する欄が表れます。ここにファイル名を入力し、Enter キーを押します。今回のファイル名は「HelloWorld.py」としてください。

● ファイル名の入力

❸ファイル名を入力してEnterキーを押す

するとフォルダー内に「HelloWorld.py」というファイルが追加され、画面右側でこのファイルが編集可能な状態になります。これでスクリプトファイルを入力する準備が整いました。

2日目
演算と関数

67

## ● スクリプトファイルの入力と実行

続いてスクリプトファイルを入力し、実行してみます。VSCode の画面右側のエディタ部分にプログラムを入力してみます。

### ◉ (1)プログラムの入力

今回入力するプログラムは以下のとおりです。内容は今まで学習してきた print 関数と演算だけの簡単なサンプルです。VSCode 上でこのプログラムを入力して保存をしてください。VSCode でファイルを保存する場合、メニューから［ファイル］-［保存］を選択します。

なお、メニューを開くのが面倒な場合は [Ctrl] キーを押しながら [S] キーを押してもファイルが保存されます。

**Sample2-21（HelloWorld.py）**

```
01  print("Hello World")
02  print(5 + 2)
03  print(5 - 2)
04  print(5 * 2)
05  print(5 / 2)
06  print(5 // 2)
07  print(5 % 3)
```

このプログラムを実際に入力すると、VSCode 上では次の図のようになります。

● プログラムを入力

入力結果を見ると、関数は青、文字列は赤、数値は緑といったように色分けがされていることがわかります。

## ◎ (2)プログラムの実行

さっそく、保存したプログラムを実行してみましょう。画面右上にある三角のボタンをクリックすると、プログラムが実行され、画面下の**ターミナル**に実行結果が現れます。なお、VSCode では複数のスクリプトファイルを同時に開くことができますが、実行したいファイルは必ず最前面に出してください。

● スクリプトファイルの実行

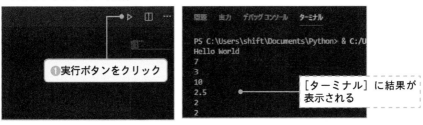

❶実行ボタンをクリック

PS C:\Users\shift\Documents\Python> & C:/U
Hello World
7
3
10
2.5
2
2

[ターミナル] に結果が表示される

実行結果からわかるとおり、最初は「Hello World」と表示され、次に「5 + 2」の演算結果である「7」、「5 - 2」の結果である「3」というように、入力した処理が上の行から順に実行されています。

わかりやすくするために、実行結果と処理の対応を示します。

● **HelloWorld.py**の実行結果

| 01 | Hello World ◀── | print("Hello World") の実行結果 |
|----|------|------|
| 02 | 7 ◀── | print(5 + 2) の実行結果 |
| 03 | 3 ◀── | print(5 - 2) の実行結果 |
| 04 | 10 ◀── | print(5 * 2) の実行結果 |
| 05 | 2.5 ◀── | print(5 / 2) の実行結果 |
| 06 | 2 ◀── | print(5 // 2) の実行結果 |
| 07 | 2 ◀── | print(5 % 3) の実行結果 |

このようにスクリプトファイルでは、原則的に**上から下に向かって 1 行ずつ順に命令が実行**されていきます。

なお、入力間違いがあった場合は、思いどおりの結果にはなりません。その場合は、きちんと動くようになるまで、誤りを訂正しなくてはなりません。

# 2-2 ワークスペース内のファイルの管理

ワークスペース内に作成したファイルは、サイドバーの［エクスプローラー］に表示されます。ファイルを閉じた場合は、［エクスプローラー］をクリックして開くことができます。開いているファイルは、右のエディタ画面に表示されます。複数のファイルを開いてタブで切り替えながら作業することができ、ファイルを閉じたいときはタブの［×］をクリックします。

● **VSCodeの画面**

> ［エクスプローラー］のファイル名をクリックして開くことができる

> 開いているファイルはエディタ画面に表示され、タブをクリックして切り替えできる

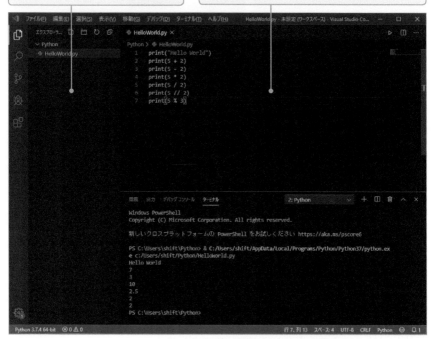

ワークスペース内にないファイルを開きたい場合は、一般的なテキストエディタと同様に［ファイル］-［ファイルを開く］を選択して開いてください。

また、何らかの理由で［エクスプローラー］にワークスペースが表示されていない場合は、［ファイル］-［ワークスペースを開く］を選択して開くことができます。

# 2-3 エラーとバグ

POINT

- プログラムの間違いであるエラーとバグの違いについて理解する
- エラーが出たときの対処方法について理解する
- バグの概念とデバッグについて理解する

## エラーとバグの違い

プログラミングの間違いには大きく分けて**エラー（Error）**と呼ばれるものと**バグ（Bug）**と呼ばれるものがあります。ここではその違いについて説明します。

エラーは単純な文法上の間違いです。エラーのあるプログラムは実行できません。これに対しバグとは構造上の間違いのことです。文法上の間違いはないものの、意図したものとは違う働きをしてしまうような状態をバグといいます。

### ◉ デバッグ（debug）

プログラミングをしていると必ずバグは発生します。バグを修正していく作業のことを**デバッグ（debug）**といいます。エラーの場合は明確に警告メッセージが表示されますが、バグの場合はそのような警告メッセージなどが表示されず、原因が簡単にはわからないこともあります。そのため**デバッガ（debugger）**というバグを発見するためのツールが存在します。IDE や VSCode のような高機能テキストエディタにはデバッガが付属しています。

**参考**

### 「バグ」という言葉の由来

バグは本来「虫」を意味する言葉です。それがなぜプログラムの間違いを指す言葉になったのでしょうか？

1947 年 9 月 9 日、アメリカのグレース・ホッパーという女性技術者が大型コンピュータで作業をしていたところ、装置が突如不調になりした。内部を調べたところ、部品の中に本物の虫（蛾）が挟まっていたのが発見されました。今とは違い当時のコンピュータは機械仕掛けだったため、こういったトラブルが起こったようです。このエピソードの証拠として、彼女はこの日の作業日誌に発見された蛾の死骸をテープで貼りつけました。この日誌は現在アメリカのスミソニアン博物館で「世界初のコンピュータのバグ」として所蔵されています。

## プログラムにエラーがあった場合

プログラムにエラーがあった場合の対処法について説明します。試しに先ほど入力した「HelloWorld.py」にわざとエラーを埋め込んでみます。

このプログラムの末尾に「**prin("ABC")**」という記述を追加し、再びファイルを保存します。本来なら「print」と記述すべきところを「t」が抜けている状態です。VSCode の画面を見ると、他の関数と違って青くなっていません。このことからも間違いがあることが予測できます。

また画面左側のスクリプトファイル名も赤文字で表示され、右に「1」という数字が書かれています。これはファイル内のエラーの数を表すもので、「HelloWorld.py」の中に 1 つエラーがあることがわかります。

● 入力に間違いがあった場合

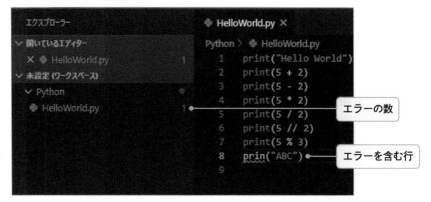

この状態ではプログラムを実行しても正しい結果が得られません。プログラムを動かせるようにするためには、間違いを修正しなくてはならないのです。

### エラーメッセージを読み解く

これでも無理やりプログラムを実行しようとするとどうなるのでしょうか？ 先ほどと同じように実行ボタンを押すとプログラムは途中まで実行されていき、エラーの行にたどり着くとエラーメッセージが表示されプログラムが中止します。

● エラーメッセージ

エラーメッセージを抜き出すと次のとおりです。

● エラーメッセージの詳細

```
Traceback (most recent call last):
  File "c:/Users/shift/Documents/Python/HelloWorld.py", line 8, in
<module>
    prin("ABC")
NameError: name 'prin' is not defined
```

「line 8, in 」というメッセージは 8 行目にエラーがあるということを示しています。

次の「NameError」とはこのエラーの種類で、その後にエラーの詳細が記述されています。

この部分を日本語に訳すと「'prin' という名前は定義されていません」ということになります。このエラーは 1 日目の「入力を間違った場合」と同じものです。

エラーメッセージは Python のインタープリタが出していますが、VSCode を使うと、インタープリタとエディタが連携してエラーを見つけやすくしてくれます。

このように VSCode を使うことでプログラミングが大変楽になります。これ以降は VSCode を使ってスクリプトファイルを入力して学習を進めていきます。エラーが発生した場合はメッセージを読み取って適宜プログラムを修正してください。

# 3 さまざまな関数

- ▶ 関数の概念を理解する
- ▶ print 以外の関数を使ってみる
- ▶ ある程度まとまった処理を記述するプログラムを作ってみる

## 3-1 関数とは何か

- ・ 関数の概念について説明する
- ・ print 関数以外のさまざまな関数を学ぶ
- ・ 関数を使ったさまざまなプログラムを作ってみる

### 関数とは何か

今まで特に詳しい説明をすることなく print 関数を何度か使ってきました。ここでは関数とは何かを詳しく説明し、print 以外の関数も紹介します。

#### ◉ 関数のイメージ

プログラミングにおける関数とは、**引数（ひきすう）** と呼ばれる値をもとに何らかの計算や処理を行い、その結果を**戻り値**という値で返す処理のことです。数学で使う関数の場合、引数や戻り値に該当するものは数値だけですが、プログラミングの関数は数値以外も処理できます。

引数と戻り値のイメージを伝えるために、いくつか関数の例を挙げます。

- 引数として a、b という 2 つの整数を取り、その合計を戻り値とする関数
- 引数 a、b のうち、最大値を戻り値とする関数

- 引数として入力されたアルファベットの文字列を、すべて大文字のアルファベットに変換して戻り値とする関数

● 関数の概念

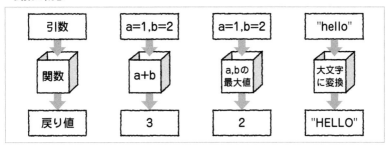

## ◉ Pythonにおける関数の種類

関数は大きく分類すると、**組み込み関数**と**ユーザー定義関数**とに分けられます。組み込み関数とは Python に最初から用意されている関数のことで、print 関数はその 1 つです。ユーザー定義関数とは、プログラマーが自ら定義する関数です。具体的な定義のやり方については後ほど詳しく説明します。

## ◉ 引数や戻り値が存在しないケースもある

プログラミングにおける関数は、数学の場合と違い、引数もしくは戻り値を必要としないケースも存在します。

print 関数は () の中に引数としてさまざまな値を与えると、その結果として画面に文字列や数値を表示させます。しかし**戻り値を返しません**。組み込み関数には、このほかにも戻り値を返さない関数がいくつか存在します。

## ◉ 関数の書式

Python における関数の書式は次のようになります。

● 関数の書式

関数名(引数1,引数2,…)

引数には数字や文字列などさまざまなデータが入ります。複数ある場合、間を「,」（コンマ）で区切ります。引数がない場合はカッコだけを書きます。

## ◉ Pythonの組み込み関数

すでに説明したprint関数以外にも、Pythonの組み込み関数には以下のようなものがあります。

● 組み込み関数

| | | | | |
|---|---|---|---|---|
| abs() | delattr() | hash() | memoryview() | set() |
| all() | dict() | help() | min() | setattr() |
| any() | dir() | hex() | next() | slice() |
| ascii() | divmod() | id() | object() | sorted() |
| bin() | enumerate() | input() | oct() | staticmethod() |
| bool() | eval() | int() | open() | str() |
| breakpoint() | exec() | isinstance() | ord() | sum() |
| bytearray() | filter() | issubclass() | pow() | super() |
| bytes() | float() | iter() | print() | tuple() |
| callable() | format() | len() | property() | type() |
| chr() | frozenset() | list() | range() | vars() |
| classmethod() | getattr() | locals() | repr() | zip() |
| compile() | globals() | map() | reversed() | __import__() |
| complex() | hasattr() | max() | round() | |

まずはこの中のいくつかの関数とその使い方を紹介します。Pythonでプログラムを作る場合には、これらの関数を使いこなせるようになるところからスタートします。

## ● input関数を使ったプログラムを作る

input（インプット）関数を使ったプログラムを作ってみましょう。inputとは、日本語で「入力する」という意味を表す単語で、ユーザーにキーボードから入力させたいときに使います。

## ◉ 最も簡単なinput関数のサンプル

次のプログラムを入力し、保存してから実行してみましょう。HelloWorld.pyの場合と同様に新たにスクリプトファイル「Input1.py」を追加し、保存したら、そのファイルを前面で開いた状態で実行ボタンを押してください。

**Sample2-22（Input1.py）**

```
01 s = input()
02 print(s)
```

非常に単純なプログラムですが、実行してみるとターミナルで入力待ち状態になります。ここで何か文字列を入力し、[Enter]キーを押すと、次の行にそれと同じ文字列が表示されます。

● **input関数のサンプルの実行例**

```
This is a sample of input function
This is a sample of input function
PS C:\Users\shift\Documents\Python>
```
文字列を入力して[Enter]キーを押す

入力を促しているのは、最初の行の「s=input()」という処理です。input 関数は**入力した文字列を取得する関数**で、取得した文字列が変数 s に代入されます。次の行でprint 関数を使って s を表示しているので、入力した文字列がそのまま表示されます。

● **input関数の処理内容**

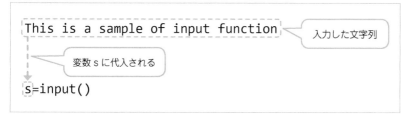

This is a sample of input function ← 入力した文字列

変数 s に代入される

s=input()

input 関数の戻り値として、キーボードから入力した文字列が得られます。戻り値の文字列は、この例のように変数に代入するなどして利用します。

## ◎ 少し高度なinput関数

もう少し高度な使い方を紹介します。次のプログラムを入力し実行してみましょう。

**Sample2-23（Input2.py）**
```python
01  print("姓と名を入力してください")
02  s1 = input("姓:")
03  s2 = input("名:")
04  name = "あなたの名前は"+s1 + s2+"さんですね"
05  print(name)
```

Sample2-22 では、input 関数は引数なしで使用していました。今回のように引数を指定すると、入力を促すメッセージとして表示されます。

実行すると「姓と名を入力してください」と表示され、次の行で「姓：」と表示されてカーソルが表示されます。姓（例えば山田など）を入力し Enter キーを押してください。

すると、次は「名：」と表示され、再び入力待ち状態になります。ここで今度は名前（例えば太郎など）を入力し Enter キーを押すと、最後に「あなたの名前は山田太郎さんですね」といったようにフルネームを表示します。

● input関数の処理内容

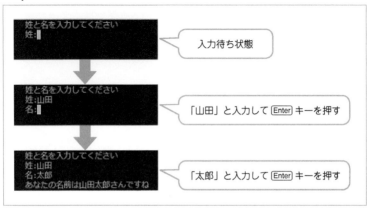

このサンプルでは「input("姓:")」と指定しているので「姓：」が表示され、その後に入力された文字列が変数 s1 に代入されます。同様に、次の行では「名：」と表示され、入力した文字列が s2 に代入されます。

## キーボードから入力した数値で計算をする

input 関数を使うことにより、キーボードから入力した文字列を変数に代入することができました。次はこの関数を使って簡単な計算を行うプログラムを作りましょう。

例えば、input 関数を使えばキーボードから数字を入力させることもできるので、試しにこれを利用した計算プログラムを作ってみましょう。

　今度のプログラムは新しいキーワードや関数が出てくるので少し長くなります。ゆっくりと間違いないように入力して実行してみてください。

**Sample2-24（Input3.py）**

```
01 '''
02 2つの数値の足し算のプログラム
03 入力した2つの整数の足し算を行います
04 '''
05 # 入力する数値をキーボードから入力する
06 x = input("1つ目の数値:")
07 y = input("2つ目の数値:")
08 # 入力した文字列を整数値に変える
09 n1 = int(x)
10 n2 = int(y)
11 # 入力した2つの数の足し算を行う
12 print("{} + {} = {}".format(n1,n2,n1+n2))
```

　プログラムを実行すると「1つ目の数値：」と表示されます。そこで何らかの整数値を入力し [Enter] キーを押します。すると今度は「2つ目の数値:」と表示されるので、同様に整数値を入力し [Enter] キーを押します。すると2つの数値の合計を求める計算式とその結果が表示されます。

● **Sample2-24の実行結果**

```
1つ目の数値:5 ◄──── キーボードから1つ目の数値（5）を入力し[Enter]キーを押す
2つ目の数値:3 ◄──── キーボードから2つ目の数値（3）を入力し[Enter]キーを押す
5 + 3 = 8 ◄──── 5+3の計算結果を表示
```

　繰り返し実行し、さまざまな数値の組み合わせで計算をしてみてください。毎回、きちんと計算結果が表示されます。

　1日目までの知識では、違う計算を行う場合には何度も違う式を入力しなくてはなりませんでしたが、これならば数値だけを入力すればいいので計算を行うのが大変楽になります。

　では、このプログラムは一体どういう仕組みになっているのかを説明しましょう。

◎ **コメント**

　最初に**コメント（comment）**について説明します。コメントはプログラムに付ける注釈のようなもので、それ自体はプログラムの動作にまったく影響を与えません。しかし、コメントがあるかないかではプログラムのわかりやすさが全然違います。あ

る程度長いプログラムを作るときには、どういう動作をさせるのかなどを記載しておくことで、プログラムを見返したときに識別しやすくなり、コメントは必須となります。

Pythonのコメントには2種類あります。

1〜4行目の「'''」（アポストロフィーが3個）で挟まれた領域は**ブロックコメント**といい、複数行にわたり記述できます。

● ブロックコメント

```
01  '''
02  2つの数値の足し算のプログラム
03  入力した2つの整数の足し算を行います
04  '''
```

また、5行目・8行目・11行目の「#」で始まるコメントを**行コメント**といい、1行だけで記述するコメントです。

● 行コメント

```
05  # 入力する数値をキーボードから入力する
```

多くの場合、ブロックコメントはプログラムの冒頭などで、その全体を説明する場合に使い、行コメントはプログラム内で説明が必要な箇所へ追加挿入する形で使います。

## ◎ 文字列から数値への変換

次にプログラムの内容について説明します。まず数値の入力について説明します。ユーザーはキーボードから整数値を入力したつもりですが、input関数はこれを文字列として扱います。

そのため、input関数で入力された文字列を整数値に変換する必要があります。この場合に使うのが **int関数** です。この関数はカッコの中に入れた引数の文字列を整数に変換し、戻り値として返します。

例えば「x = input("1つ目の数値 :")」の処理で「5」という数字を入力したとします。このとき x には文字列の「"5"」が変数 x に入ります。このままでは整数としての演算ができないので、int関数を使って整数に変換し、変数 n1 に代入します。同様の処理を y についても行い、変数 n2 へ整数値を代入します。その結果、「n1+n2」で2つの数の加算ができるのです。

● **input関数の処理内容**

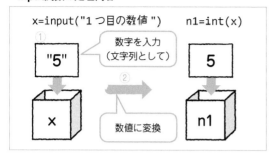

　このように Python にはデータの型を変換する関数がいくつか存在します。代表的なものは以下のとおりです。

● **型変換のための関数**

| 関数 | 詳細 | 引数 | 戻り値 | 使用例 | 用例の戻り値 |
|------|------|------|--------|--------|-------------|
| int | 文字列を整数に変換 | 文字列 | 整数 | int("10") | 10(整数) |
| float | 文字列を実数に変換 | 文字列 | 小数 | float("1.24") | 1.24（小数） |
| str | 数値等を文字列に変換 | 任意の値 | 文字列 | str(312) | "312"(文字列) |

## ◉ printの高度な使い方

　最後の 12 行目の print 文は、今まで見たことがない使い方をしています。

```
print("{} + {} = {}".format(n1,n2,n1+n2))
```

　format はメソッドというもので、使い方はほぼ関数と同じです。カッコ内の引数の値が、「.」（ピリオド）の前にある文字列の {} に挿入されます。n1 が 5、n2 が 3 の場合、最初の {} には 5、次の {} には 3、そして最後の {} には n1+n2 の値である 8 が入ります。

● **print関数とformatの組み合わせ**

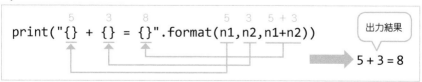

　メソッドについては少し後であらためて説明します。

81

## ● str 関数と数値

str 関数で数値を文字列に変換すると、数字でも文字列として扱われます。例えば「1
+ 2」の結果は「3」ですが、「"1" + "2"」は文字列の結合なので「"12"」となります。

これを利用すると、文字列の中に変数の値などを埋め込んで表示したい場合などに
大変便利ですが、使い方を間違えると思いもかけない結果になってしまいます。実際
に以下のプログラムを実行して、その違いを確認しましょう。

**Sample2-25（str1.py）**

```
01  # 各変数に数値を代入
02  a = 1
03  b = 2
04  d = 1.2
05  e = 3.4
06  # 変数を使って演算を行う
07  print("** 数値としての演算 **")
08  print("{} + {} = {}".format(a,b,a+b))
09  print("{} + {} = {}".format(d,e,d+e))
10  # str関数を使って数値を文字列に変換
11  a_s = str(a)
12  b_s = str(b)
13  d_s = str(d)
14  e_s = str(e)
15  # 文字列としての演算を行う
16  print("** 文字列としての演算 **")
17  print("{} + {} = {}".format(a_s,b_s,a_s+b_s))
18  print("{} + {} = {}".format(d_s,e_s,d_s+e_s))
```

● 実行結果

```
** 数値としての演算 **
1 + 2 = 3
1.2 + 3.4 = 4.6
** 文字列としての演算 **
1 + 2 = 12
1.2 + 3.4 = 1.23.4
```

最初の2つの演算は a、b という整数値の変数と、d、e という実数値の演算であ
ることから、+演算子は加算の演算子となり、足し算の結果が得られます。

これらを文字列に変換した a_s と b_s、d_s と e_s では +は結合の演算子となります。

• 見た目が数字でも**str**関数を使えば文字列として扱われる

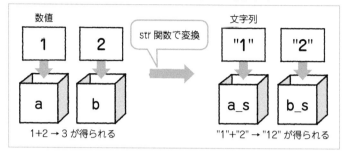

# 3-2 クラスとオブジェクト

- クラスとオブジェクトの概念を理解する
- Python のデータ型とクラスの関係性を理解する
- どのような状況で利用するかを理解する

## クラスとオブジェクト

Python でデータを語るうえで理解をする必要があるのが、**オブジェクト（object）**という概念です。オブジェクトとは、英語で「モノ」という意味であり、データを抽象的に表したものです。

このオブジェクトを中心としてさまざまな処理を考えるプログラミングの方式を**オブジェクト指向**といいます。Python で処理するデータはすべてオブジェクトです。つまり整数や浮動小数点、文字列などもすべてオブジェクトです。

### ◉ クラスとは何か

オブジェクトにはさまざまな種類があります。その種類のことを**クラス（class）**といい、それぞれに名前が付いています。例えば、整数は int、浮動小数点は float、文字列は string というクラス名です。つまり、Python で扱うあらゆるデータは、何らかのクラスとして分類されるのです。

### ◉ インスタンス

クラスから作り出したデータの実体のことを**インスタンス**といいます。クラス単体では何らかの動作をするわけではなく、インスタンスを出現させることによってさまざまな処理を行えるようになります。なお、オブジェクトという言葉はインスタンスと同義でも使われます。

整数クラス int のインスタンスは、1、2、-4、0 といった数です。整数で演算を行うということは、具体的には 1 や 2、-4、0 といった具体的な数（インスタンス）で行います。

同様に float は 3.14 や -0.1、文字列のクラス str の場合は "Hello" や " プログラミング " などがインスタンスに該当します。

● 主なクラスとインスタンス

| クラス | 概要 | インスタンスの例 |
|---|---|---|
| int | 整数 | 1、2、-4、0 |
| float | 浮動小数点 | 3.14、-0.1 |
| string | 文字列 | "Hello"、"プログラミング" |
| bool | ブール値 | True、False |
| list | リスト | [1,2,3]、["A","B"] |
| tuple | タプル | (1,2,3)、("A","B") |
| dict | 辞書 | {"Japan":"日本","USA","アメリカ"} |
| set | 集合 | { 1,2,3 }、{ "Red" ,"Blue"} |

**参考**

> リスト、タプル、辞書、集合については「5 日目」で解説します。

## ● メソッド

Python ではデータをオブジェクトとして扱い、それぞれのクラスの種類に応じたさまざまな操作を行うことによってデータ処理を行います。そのような操作のことを**メソッド**といいます。

### ◉ メソッドの記述方法

メソッドとは、各オブジェクトが持っている自身に対する操作のことをいいます。人間が使う言語に例えて言えば、オブジェクトが主語、メソッドが動詞のようなものです。

メソッドはインスタンスの後に「.（ピリオド）」を付けて追加します。書式は次のようになります。

● **Python のメソッドの書式**
インスタンス.メソッド(…)

使用できるメソッドの種類はクラスの種類によって異なります。

## ◉ メソッドの使用例

例えば、文字列には、小文字に変換するメソッド lower、すべて大文字に変換するメソッド upper といったメソッドが存在します。

文字列 "Hello" があったとき、"Hello".lower() とすると "hello" という文字列が得られます。得られた結果もまた string クラスのインスタンス（オブジェクト）です。同様に、"Hello".upper() とすると、"HELLO" という文字列のインスタンスが得られます。

● メソッドによるオブジェクトの操作

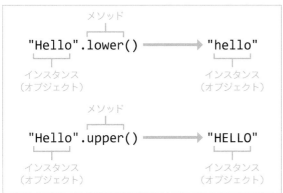

Sample2-24 で使用した format も、実は文字列のメソッドです。このメソッドにより、文字列の中に値を埋め込む処理を行っているのです。

このように、Python のプログラムではさまざまなオブジェクトに対し、メソッドで操作をすることがあります。

## 例題 2-4 ★☆☆

　キーボードから2つの整数を入力させ、それらの足し算・引き算・掛け算・割り算の結果を表示しなさい。なお割り算の結果は整数で表示し、余りも表示すること。

● 実行結果

```
1つ目の整数:15 ◀──── キーボードから1つ目の整数を入力して Enter キーを押す
2つ目の整数:4 ◀──── キーボードから2つ目の整数を入力して Enter キーを押す
15 + 4 = 19
15 - 4 = 11
15 × 4 = 60
15 ÷ 4 = 3 余り 3
```

## 解答例と解説

　input文で整数値を入力させ、int関数で整数に変換したあとに計算を行います。

● 解答例（ex2-4.py）

```
01 x = input("1つ目の整数:")
02 y = input("2つ目の整数:")
03
04 a = int(x)
05 b = int(y)
06
07 print("{} + {} = {}".format(a,b,a + b))
08 print("{} - {} = {}".format(a,b,a - b))
09 print("{} × {} = {}".format(a,b,a * b))
10 print("{} ÷ {} = {} 余り {}".format(a,b,a // b,a % b))
```

　1行目および2行目でキーボードから入力した数値を変数x、yに代入します。

　次にint関数を使ってxを整数型変数aに、yを整数型変数bに代入します。

　その後、式と計算結果をprint関数で表示します。最後の割り算は、結果を整数で表示することが求められるため、「/」演算子ではなく、「//」演算子を使用します。

**例題 2-5** ★☆☆

キーボードから文字列を入力させ、その後整数値を入力させ、最初に入力した文字列を入力した整数値の回数だけ表示するプログラムを作りなさい。

例えば、最初に「Hello」と入力し、次に「3」を入力すると「HelloHelloHello」と表示するようにしなさい。

● **実行結果**

```
文字列を入力:Hello ◀── 文字列を入力して Enter キーを押す
表示回数を入力:3 ◀── 回数を入力して Enter キーを押す
HelloHelloHello
```

## 解答例と解説

input 関数で文字列と数値を入力させ、文字列と＊演算子を使って文字列を複数回表示させます。

● **解答例（ex2-5.py）**

```
01  #文字列と表示回数を入力
02  s = input("文字列を入力:")
03  x = input("表示回数を入力:")
04  # 表示回数を整数に変換
05  a = int(x)
06  # 結果を表示
07  print(a * s)
```

2 回目の入力 x は、表示回数であり、int 関数を使って整数型変数 a に変換します。その後、文字列 s に ＊ 演算子でこの回数を適用することにより、繰り返し表示をさせます。

例題 2-6 ★☆☆

　キーボードから台形の上底と下底、高さを入力させて、その面積を計算し表示しなさい。

● 実行結果

```
上底(cm):5.0      ←── キーボードから上底を入力して Enter キーを押す
下底(cm):4.0      ←── キーボードから下底を入力して Enter キーを押す
高さ(cm):3.0      ←── キーボードから高さを入力して Enter キーを押す
面積 13.5cm2
```

解答例と解説

　キーボードから input 文で入力する数値は整数値とは限りません。そのため、実数が扱えるように float 関数を使って変換します。

● 解答例（**ex2-6.py**）

```
01  # 上底・下底・高さの入力
02  x = input("上底(cm):")
03  y = input("下底(cm):")
04  z = input("高さ(cm):")
05  # 入力された値を実数値に変換
06  u = float(x)
07  d = float(y)
08  h = float(z)
09  # 面積の計算
10  s = (u + d) * h / 2.0
11  # 計算結果の表示
12  print("面積 {}cm2".format(s))
```

　台形の面積を公式で計算しますが、2 で割る際には整数の「2」ではなく実数の「2.0」を使います。このほうが演算が小数点のある数値を扱っていることを明示的に示すため好ましいでしょう。

# 4 練習問題

▶ 正解は 305 ページ

---

 問題 2-1 ★☆☆

キーボードから 3 つ整数を入力させ、その和を計算するプログラムを作りなさい。

● 実行例

1つ目の数:3
2つ目の数:5
3つ目の数:7
3 + 5 + 7 = 15

---

 問題 2-2 ★☆☆

キーボードから名前と年齢を入力させ、「○○さんは、××歳です」と表示するプログラムを作りなさい。

● 実行例

名前:Taro
年齢:18
Taroさんは18歳です。

---

 問題 2-3 ★☆☆

キーボードから円の半径を入力させ、円周の長さと面積を表示するプログラムを作りなさい。なお、円周率は 3.14 とする。

● 実行例

円の半径(cm):8.0
円周の長さ:50.24cm 面積:200.96cm2

# 3日目

## 条件分岐

**if文による条件分岐**

- ▶ 条件分岐について学習する
- ▶ if文の使用方法を学習する
- ▶ 複雑な条件分岐の記述方法について理解する

## 1-1 if 文とは

- 条件分岐とは何かを理解する
- 最も基本的な条件分岐である if 文の構文を理解する
- if 文の入ったプログラムを作成してみる

### 条件分岐が必要なケース

私たちは日常生活の中でさまざまな選択を行います。例えば、通勤に利用している電車がトラブルで利用できなくなった場合、代わりにバスなど他の手段を利用します。遠足や運動会も晴れていれば決行しますが、雨が降れば延期したり中止したりします。

このように、条件によって処理を変えることを**条件分岐（じょうけんぶんき）**といいます。

### 書式と処理の流れ

プログラミングにおいて条件分岐は必須の処理です。Python では、条件分岐の処理に if（イフ）文を使います。「if」は「もしも」という意味で、ある条件が成り立った場合にだけ処理を行います。

- **if文の書式**

```
if 条件:
      処理A
処理B
```

　条件の後ろには必ず「：」（コロン）を付けます。また、条件が成り立つときに実行する処理 A は、**インデント（字下げ）** する必要があります。VSCode などのテキストエディタでインデントするには [Tab] キーを押してください。

　条件が成り立った場合、「処理 A →処理 B」の順で実行されます。フローチャートで記述すると次のようになります。

- **条件分岐のフローチャート**

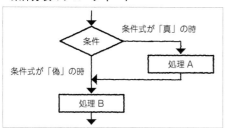

　フローチャートでは、条件式が成り立つことを「真」、成り立たないことを「偽」と表します。

　処理が成り立たなかった場合は処理 B のみ実行されます。インデントが処理の範囲を表すため、処理 A に当たる部分が複数行ある場合は、すべての行をインデントする必要があります。

**用語** | **インデント**
インデントとはスペースを入れて行頭を字下げすることです。Python
では、処理の範囲（ブロック）を表すために使用します。

## ◎ if文を使ってみる

　if 文を使った次のサンプルを入力し、実行してみてください。

**Sample3-1（if_sample1.py）**
```
01  # 年齢を入力
02  age = input("年齢:")
```

```
03  # 年齢を数値に変える
04  age = int(age)
05  # 年齢が20歳以上かどうかを判定
06  if age >= 20:
07      print("20歳以上です")
08  print("年齢確認終了です")
```

　プログラムを実行すると「年齢:」と表示されて年齢の入力を要求されます。入力する年齢によって実行結果は違ってきます。20歳以上の年齢を入れると結果は次のようになります。

● **実行結果①（20歳以上の年齢を入力したケース）**

年齢:24 ←──── 20歳以上の年齢を入力
20歳以上です
年齢確認終了です

　これに対し、20歳未満の年齢を入力すると次のようになります。

● **実行結果②（20歳未満の年齢を入力したケース）**

年齢:19 ←──── 20歳未満の年齢を入力
年齢確認終了です

　年齢を入力した後に「年齢確認終了です」とだけ表示されて処理が終了します。

## ◎ 条件によってプログラムの流れが変わる

　プログラムの流れを解説していきましょう。2行目のinput関数で年齢をキーボードから入力させ、これを変数ageに代入します。そして4行目で変数ageに入っている文字列をint関数で整数に変換し、それを変数ageに代入します。これで変数ageには整数の年齢が入ります。

　6行目の「age >= 20」は、「変数ageが20以上」ということを表す**条件式**です。入力したageが24であれば、条件が満たされるため、「20歳以上です」と表示されます。続けて、最後に「年齢確認終了です」と表示されてプログラムは終了します。

　19のように20未満の数を入力し、age=19としたとします。すると、ageが20以上という条件が満たされないので、「20歳以上です」という表示処理は実行されません。

● **Sample3-1の処理のイメージ**

この条件判定部分をフローチャートで表すと次のようになります。

● **Sample3-1の処理のフローチャート**

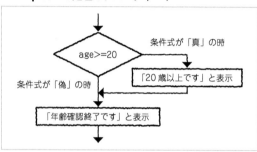

## ● 数値の比較の条件式

Sample3-1 では、変数 age が 20 以上かどうかを調べるための書式は「age >= 20」でしたが、このほかにも条件式の記述の仕方はたくさんあります。よく使う if 文の数値の条件式では以下のような記号を使います。

● **if文で使える代表的な条件式（数値の場合）**

| 記号 | 意味 | 使用例 |
|---|---|---|
| < | より小さい | a < 5 |
| <= | 以下 | a <= -5 |
| > | より大きい | b > 22 |
| >= | 以上 | b >= -3.1 |
| == | 等しい | i == 4 |
| != | 等しくない | num != -1 |

## 条件式と真偽値

if文では条件式を記述しますが、この条件式はブール型で値を返す演算処理です。条件の内容が正しければ真を表すTrueを、間違っていれば偽を表すFalseを返します。

試しに、Pythonシェルに以下の条件式を入力してみてください。

**Sample3-2**
```
01 6 > 3
```

● 実行結果
```
True
```

この条件式は「6は3よりも大きいか」という条件式です。これは正しいので、演算結果としてTrueを得られます。

**Sample3-3**
```
01 -13 == 12
```

● 実行結果
```
False
```

この条件式は、「-13と12は等しいか」という条件式です。これは間違っているので、演算結果としてFalseが得られます。

### ● if文の条件式の中身

if文は条件式の内容が正しいか間違っているかを、条件式の結果がTrueかFalseかで判断します。つまり、**if文は、条件式がTrueの場合に分岐を起こす処理**なのです。

## 文字列の比較

次に文字列の比較を紹介します。次のサンプルをVSCodeで入力して実行してください。

**Sample3-4（if_sample2.py）**
```
01 s = input("s=")
02 # 文字列が等しいかどうかの比較
03 if s == "abc" :
04     print("s is abc")
```

```
05
06  # 文字列が等しくないかどうかの比較
07  if s != "def" :
08      print("s is not def")
```

キーボードから入力した文字列が変数 s に代入され、その値が「abc」であれば、「s is abc」と表示されます。

「def」についても同様ですが、違いは前者の場合は「==」が比較に利用され、後者が「!=」を使っている点にあります。

実際に、入力した値によってどのように結果が異なるかを見てみましょう。

## ◉ ケース①「abc」と入力した場合

まずは「abc」という文字列が入力されたケースを見てみましょう。この場合「s=="abc"」が True なので「s is abc」と表示されます。同様に「s != "def"」も True なので「s is not def」も表示されます。

**・ 実行結果①（「abc」と入力されたケース）**
```
s=abc
s is abc
s is not def
```

## ◉ ケース②「def」と入力した場合

次は「def」という文字列が入力されたケースを見てみましょう。この場合「s=="abc"」は False なので「s is abc」は表示されません。また、「s != "def"」も False なので「s is not def」も表示されません。

その結果、何も表示されません。

**・ 実行結果②（「def」と入力されたケース）**
```
s=def
```

## ◉ ケース③「abc」「def」以外を入力した場合

最後には「ghi」という文字列が入力されたケースを見てみましょう。

この場合「s=="abc"」は False なので「s is abc」は表示されません。

しかし「s != "def"」は True なので「s is not def」が表示されます。

- 実行結果③（「abc」「def」以外の文字列が入力されたケース）

```
s=ghi
s is not def
```

## ◎ 文字列の比較のための条件式

文字列で使える代表的な条件式は次のとおりです。

- if文で使える代表的な条件式（文字列の場合）

| 記号 | 意味 | 使用例 |
|---|---|---|
| < | 辞書的に前にある | s < "Hello" |
| <= | 辞書的に以前にある | s <= "Hello" |
| > | 辞書的に後にある | s > "Hello" |
| >= | 辞書的に以後にある | s >= "Hello" |
| == | 等しい | s == "Hello" |
| != | 等しくない | s != "Hello" |
| in | 文字列の中にもう一方の文字列が含まれているか | "abc" in s |
| not in | 文字列の中にもう一方の文字列が含まれていないか | "abc" not in s |
| startswith() | 前方一致。()内の単語で始まるかどうか | s.startswith("abc") |
| endswith() | 後方一致。()内の単語で終わるかどうか | s.endswith("def") |

文字列の大小関係（順番）は文字の文字コード（utf-8）の大小で比較されます。英単語の場合は辞書の並びどおりになりますが、日本語などでは辞書どおりの並びになるとは限らないので気を付けましょう。

 例題 3-1

以下の処理をするプログラムを作りなさい。

(1) 最初に「数あてゲーム」と表示する
(2)「a=」と表示したのち、キーボードから1つ目の整数値を入力させる
(3)「b=」と表示したのち、キーボードから2つ目の整数値を入力させる
(4)「a+b=」と表示した後に、キーボードから整数値を入力させる
(5) (4) の数値が (2) と (3) で入力した数の合計に等しければ「正解です」と表示する

- **実行例①（正解の場合）**

数あてゲーム
a=2 ◄──────── キーボードから整数値を入力
b=3 ◄──────── キーボードから整数値を入力
a + b = 5 ◄──── 正解をキーボードから入力
正解です

- **実行例②（間違いの場合）**

数あてゲーム
a=2 ◄──────── キーボードから整数値を入力
b=3 ◄──────── キーボードから整数値を入力
a + b = 4 ◄──── 間違いをキーボードから入力

## 解答例と解説

　input 関数と int 関数を使って整数を入力させ変数 a、b に代入します。今回の解答例では、4 行目と 5 行目で int 関数の中に input 関数を入れることにより、input の内容をすぐに整数にして変数に代入しています。

　さらに、7 行目で 3 つ目の整数を変数 c に代入し、この値と a+b が等しいかどうかを比較しています。その結果、等しければ「正解です」と表示します。

　正解でなければ何も表示されません。

**解答例（ex3-1.py）**

```
01  # ゲームタイトルを表示
02  print("数あてゲーム")
03  # a.bの数値を入力
04  a = int(input("a="))
05  b = int(input("b="))
06  # a+bの値を入力
07  c = int(input("a + b = "))
08  if a + b == c:
09      print("正解です")
```

例題 3-2 ★☆☆

　以下の実行例のようにキーボードに文字列を入力させ、その文字列に「Hello」が
含まれていれば、含まれていることを表示するプログラムを作りなさい。

● **実行例①（文字列に「Hello」が含まれる場合）**

```
s=Hello World  ◀─────  キーボードから文字列を入力
Hello is in 'Hello World'
```

● **実行例②（文字列に「Hello」が含まれない場合）**

```
s=World  ◀─────  キーボードから文字列を入力
```

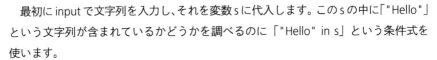 解答例と解説

　最初に input で文字列を入力し、それを変数 s に代入します。この s の中に「"Hello"」
という文字列が含まれているかどうかを調べるのに「"Hello" in s」という条件式を
使います。

　含まれていれば True が、含まれていなければ False が得られます。

● **解答例（ex3-2.py）**

```
01  s = input("s=")
02  # 文字列に「Hello」が含まれるかどうか調べる
03  if s in "Hello" :
04      print("Hello is in \'{}\'".format(s))
```

　このサンプルでは入力した文字列が '（シングルクォーテーション）で囲まれてい
ますが、この記号は "（ダブルクォーテーション）と同様に文字列を囲むときに使
用される記号です。そのままでは使えないので、エスケープシーケンス（P.52 参照）
で記述しています。

# 2 多様な条件分岐

- 条件が成り立たなかった場合の分岐のさせ方を学ぶ
- 複数の選択肢がある場合の方法を学ぶ
- より実践的な条件分岐の記述例に触れる

## 2-1 条件が成り立たなかった場合の分岐

### POINT

- 条件が成り立たなかった場合の記述方法を学ぶ
- if ～ else 文の書式の記述方法を理解する
- より実践的な条件分岐の実例を学ぶ

### ● if ～ else 文

if 文を使うと、ある条件が満たされたときに処理を分岐させることができました。しかし、条件分岐はこれだけではありません。ここからは if 文だけでは表現しきれない複雑な条件分岐を紹介します。

最初に紹介するのは if ～ else 文です。例えば、「晴れたら運動会、雨なら授業」といったように、ある条件が成り立つ場合と成り立たない場合とで、処理内容を別々にしたいときに使うのがこの if ～ else 文です。なお、else は「エルス」と読み、日本語に訳すと「～でないのならば」という意味になります。

#### ◎ 書式と処理の流れ

if と else を組み合わせて使うことで、条件が成り立たなかった場合に実行される処理を記述できます。書式は次のとおりになります。

101

- **if〜else文の書式**

```
if 条件:
    処理A
else:
    処理B
処理C
```

if文の条件が成り立てば処理Aが実行され、成り立たなければ処理Bが実行されます。その後、最後に処理Cが実行されます。これをフローチャートで記述すると以下のようになります。

- **if〜elseの処理のフローチャート**

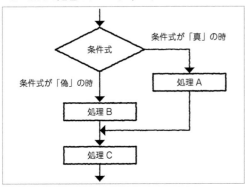

## if〜elseの使用例

if文だけの場合と同様に、else部分の処理が複数行にわたる処理を記述する場合は、インデントを維持したまま処理を記述し、終了した段階でインデントを解除します。

ではさっそくif〜elseを使った簡単なサンプルを実行してみましょう。

**Sample3-5（if_sample3.py）**

```
01  # 年齢を入力
02  age = input("年齢:")
03  # 年齢を数値に変える
04  age = int(age)
05  if age >= 20:
06      # 20歳以上の場合
07      print("20歳以上です")
08  else:
09      # 20歳未満の場合
10      print("20歳未満です")
11  print("年齢確認終了です")
```

まずは、20歳以上の年齢を入れてみましょう。

● **実行結果①（20歳以上の年齢を入力したケース）**

年齢：24　◀────　20歳以上の年齢を入力
20歳以上です
年齢確認終了です

これは、if文の条件を満たしているためSample3-1と同様に「20歳以上です」と表示されてから「年齢確認終了です」と表示されてプログラムが終了しています。

これに対し20歳未満の数字を入力すると次のようになります。

● **実行結果②（20歳未満の年齢を入力したケース）**

年齢：19　◀────　20歳未満の年齢を入力
20歳未満です
年齢確認終了です

if文の条件が成り立たないため、else文の処理が実行され、「20歳未満です」と表示されていることがわかります。そして最後に「年齢確認終了です」と表示されます。

Sample3-1では、ifしか使わなかったために、20歳以上の場合の処理しか記述できませんでした。これに対しこのサンプルではelseを使っているので、if文の条件が成り立たない場合の処理も記述できることがわかります。

これをフローチャートにまとめると、次のようになります。

● **Sample3-5の処理のフローチャート**

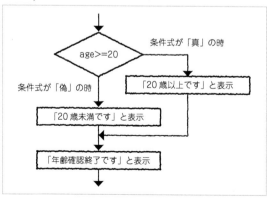

例題 3-3 ★☆☆

以下の処理をするプログラムを作りなさい。

(1) 最初に「数あてゲーム」と表示する。

(2)「a=」と表示したのち、キーボードから1つ目の整数値を入力させる

(3)「b=」と表示したのち、キーボードから2つ目の整数値を入力させる

(4)「a+b=」と表示した後に、キーボードから整数値を入力させる

(5) (4) の数値が (2) と (3) で入力した数の合計に等しければ「正解です」と表示する

(6) (4) の数値が (2) と (3) で入力した数の合計に等しくない場合は「間違いです」と表示する

正解の場合の結果は例題 3-1 と同じです。

● 実行例① (正解の場合)

```
数あてゲーム
a=2         ← キーボードから入力
b=3         ← キーボードから入力
a + b = 5   ← 正解をキーボードから入力
正解です
```

ただし間違いの場合は次のようにきちんと「間違いです」とメッセージが表示されています。

● 実行例② (間違いの場合)

```
数あてゲーム
a=2         ← キーボードから入力
b=3         ← キーボードから入力
a + b = 4   ← 間違いをキーボードから入力
間違いです
```

解答例と解説

この例題は、例題 3-1 とほとんど同じですが、違いは (6) の不正解の場合が加わったことです。正解かどうかの判定は (5) の処理の if 文ですでに行っているので、(6) の処理は (5) の if 文に対する else の処理で記述できます。

そのため、解答は次のようになります。

● 解答例（**ex3-3.py**）

```
01  # ゲームタイトルを表示
02  print("数あてゲーム")
03  # a.bの数値を入力
04  a = int(input("a="))
05  b = int(input("b="))
06  # a+bの値を入力
07  c = int(input("a + b = "))
08  if a + b == c:
09      print("正解です")
10  else:
11      print("間違いです")
```

このプログラムはほとんど例題 3-1 の解答例と一緒です。違いは最後の 2 行の else による処理が加わった点です。ここでは else により、条件式「a + b == c」が間違いだったときの処理が記述されています。

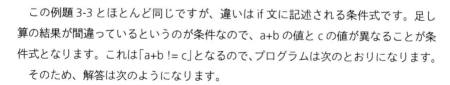

例題 3-4 ★☆☆

例題 3-3 とまったく同じ処理をするプログラムを書きなさい。ただし、今回は if 文の条件を足し算の結果が間違った場合の条件に書き替えること。

解答例と解説

この例題 3-3 とほとんど同じですが、違いは if 文に記述される条件式です。足し算の結果が間違っているというのが条件なので、a+b の値と c の値が異なることが条件式となります。これは「a+b != c」となるので、プログラムは次のとおりになります。

そのため、解答は次のようになります。

● 解答例（**ex3-4.py**）

```
01  # ゲームタイトルを表示
02  print("数あてゲーム")
03  # a.bの数値を入力
04  a = int(input("a="))
05  b = int(input("b="))
06  # a+bの値を入力
07  c = int(input("a + b = "))
08  if a + b != c:
09      print("間違いです")
10  else:
11      print("正解です")
```

　if 文の条件が論理的に例題 3-3 と真逆になるので、if と else の中の処理が真逆になります。しかし、処理内容は一緒なので例題 3-3 とまったく同じ働きをすることがわかります。

 例題 3-5 ★☆☆

　キーボードから文字列を入力させ、入力した文字列が 10 文字以上であれば「10 文字以上の単語です」と表示し、そうでなければ「10 文字未満の単語です」と表示するプログラムを作りなさい。

● 実行結果①（**10文字以上のとき**）

文字列:supercalifragilisticexpialidocious
10文字以上の単語です

● 実行結果②（**10文字未満のとき**）

文字列:apple
10文字未満の単語です

 **解答例と解説**

　Python の組み込み関数である **len 関数**を使います。この関数は、引数に文字列を入れると、その文字列の文字数を戻り値として返します。これを使うことで、以下のようなプログラムを作ることができます。

● **解答例（ex3-5.py）**

```
01  # 文字列を入力
02  s = input("文字列:")
03  if len(s) >= 10:
04      print("10文字以上の単語です")
05  else:
06      print("10文字未満の単語です")
```

　Python3 では utf-8 を標準的な文字コードとして使います。utf-8 では「abc」のような半角文字も、「あいう」のような全角文字もすべて 1 文字としてカウントします。全角文字の文章は同じ文字数でも見た目の長さは半角の 2 倍近くになりますが、len 関数はあくまでも半角文字・全角文字の区別なく文字数のみをカウントします。

## 2-2 elif による複数分岐

POINT

- 条件が複数ある場合の記述方法を学ぶ
- if 〜 elif 〜 else 文の書式の記述方法を理解する
- より実践的な条件分岐の実例を学ぶ

### 複数の選択肢

条件分岐の選択肢は「Yes」か「No」か、「右」か「左」か、といったような二択ばかりではありません。例えば信号の「赤」「黄」「青」や、じゃんけんの「グー」「チョキ」「パー」、一週間の曜日のように複数の選択肢から選ばなくてはならないようなケースも存在します。

そのようなときに利用すると便利なのが <u>elif</u> です。else if という言葉の略で、「もしも〜でなければ…」という意味です。

書式は「if 〜 elif 〜 else」のようになります。if 文が成り立たない場合も複数の条件式を提示できます。

● **if 〜 elif 〜 elseの書式**

```
if 条件1:
    処理A
elif 条件2:
    処理B
elif 条件3:
    処理C
else:
    処理D
処理E
```

この処理では、最初に条件1が成立した場合、処理Aが実行されます。そして条件1が成立しなかったものの、条件2が成立する場合は、処理Bが実行されるわけです。そして、最後に条件1〜条件3のいずれの条件にも該当しなかった場合は、else の処理Dが実行されます。このように条件によって処理AからDのいずれかが実行された後、処理Eが実行されます。

- **if〜elif〜elseの処理のフローチャート**

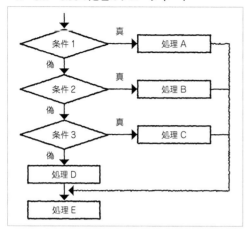

## if〜elif〜elseの使用例

では実際に if 〜 elif 〜 else を使った簡単なサンプルを実行してみましょう。次の
サンプルを実行してみてください。

**Sample3-6（if_sample4.py）**
```
01  # キーボードから数値を入力し変数aに代入
02  a = int(input("a="))
03  if a == 1:
04      # aが1だった場合の処理
05      print("aは1です！")
06  elif a== 2:
07      # aが2だった場合の処理
08      print("aは2です！")
09  else:
10      # aが1でも2でもなかった場合の処理
11      print("aは1、2以外の数")
```

このプログラムを実行すると、「a=」と表示され、その後にキーボードから数値を
入力するように求めてきます。そこで、手始めに「1」という数値を入力してみます。

- **実行結果①（1を入力した場合）**

```
a=1  ◀─────  キーボードから「1」を入力
aは1です！
```

すると、実行結果からわかるとおり、「aは1です！」と表示され、プログラムは終了します。同様に、2を入力しても「aは2です！」と表示されて終了します。

● **実行結果②（2を入力した場合）**

```
a=2  ◀──────── キーボードから「2」を入力
aは2です！
```

しかし、例えば「3」のように1または2以外の値が入力されると、「aは1、2以外の数」と表示されてプログラムは終了します。

● **実行結果②（1,2以外の数字を入力した場合）**

```
a=3  ◀──────── キーボードから「1」および「2」以外の数を入力
aは1、2以外の数
```

処理の流れを見ていきましょう。

最初のif文で数値の値が1かどうかを判定します。もしそうであれば、「aは1です！」と表示してプログラムは終了します。しかし、aが1以外の値だった場合、次に処理はelifの行に移行します。ここではさらにaが2であるかどうかを判定しています。

そして、もしもaの値が2であれば、「aは2です！」と表示されてプログラムは終了します。

最終的にこのどれにも該当しない、つまりaは1でも2でもなかった場合は、最後のelseが実行されます。ここでは「aは1、2以外の数」と表示され、プログラムが終了するのです。

内容を整理するためにこれら一連の処理のフローチャートを記述してみます。プログラムの内容とよく照らし合わせながら内容を確認してみてください。

● **Sample3-6のフローチャート**

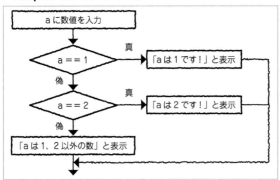

# ✏️ 例題 3-6 ★☆☆

以下の例のように月の番号（1 ～ 12）を入力したときに、その月を英語で表示するプログラムを作りなさい。

- **期待される実行結果①（1～12のいずれかの数値を入れた場合）**

月（1～12）を入力:4 ◀━━━
April

ただし、入力した数値が範囲外の場合には、「正しい数値を入力してください」と表示しプログラムを終了させなさい。

- **期待される実行結果②（1～12以外数値を入れた場合）**

月（1～12）を入力:0 ◀━━━ 1 ～ 12 以外の数値を入力
正しい数値を入力してください。

なお、各月の英語表記は、次の表を参考にすること。

| 月 | 英語の名前 |
| --- | --- |
| 1月 | January |
| 2月 | February |
| 3月 | March |
| 4月 | April |
| 5月 | May |
| 6月 | June |
| 7月 | July |
| 8月 | August |
| 9月 | September |
| 10月 | October |
| 11月 | November |
| 12月 | December |

## 🔍 解答例と解説

キーボードから入力した数値により、条件分岐を行う if ～ elif ～ else の処理を月の数＋ 1（1 ～ 12 およびそれ以外の数）の分だけ用意します。例えば、m が 1 なら「January」、m が 2 なら「February」…といったように、最初の条件は if、それ以降

は elif が続く条件分岐を記述していきます。

そして最後の else は、1 ～ 12 以外の数字が入れられたときの処理になっています。

● 解答例（**ex3-6.py**）

```
01  # 月を入力
02  m = int(input("月（1～12）を入力:"))
03  # 月を英語に変換して表示
04  if m == 1:
05      print("January")
06  elif m == 2:
07      print("February")
08  elif m == 3:
09      print("March")
10  elif m == 4:
11      print("April")
12  elif m == 5:
13      print("May")
14  elif m == 6:
15      print("June")
16  elif m == 7:
17      print("July")
18  elif m == 8:
19      print("August")
20  elif m == 9:
21      print("September")
22  elif m == 10:
23      print("October")
24  elif m == 11:
25      print("November")
26  elif m == 12:
27      print("December")
28  else:
29      print("正しい数値を入力してください。")
```

それにしても 13 個も選択肢があり、しかもどれも同じような処理で記述されていると、プログラムが随分間延びしてしまったような気がします。

もう少し効率的な方法はないか？と思われる方も多いかと思いますが、そのようなことができるようになるには、後ほど説明するリストや辞書などというデータ構造を利用する必要があります。

# 3 複雑な条件分岐

- ▶ 1つのif文で複数の条件を記述する方法について学ぶ
- ▶ if文のネストについて学ぶ
- ▶ 複合的で複雑な条件分岐の記述方法を学ぶ

## 3-1 論理演算と if

- • さまざまな論理演算子とその活用方法について学ぶ
- • 論理演算とif文の組み合わせについて学ぶ
- • 1つのif文で複数の条件を記述する方法について学ぶ

### ● 複数の条件

　私たちはしばしば日常生活の中で、複数の条件をもとに決断をしなくてはならない
ケースに遭遇します。

　例えば、「明日の天気が曇りか晴れならば、ピクニックに出かける」とか、「身長が
120cm以上で年齢が10歳以上ならば、このジェットコースターに乗ってもよい」と
いった具合に、意外と複数の条件を考える状況は多いものです。

　Pythonのif文でもこのような条件を記述することができます。その方法は**論理演
算**を使うか、**if文のネスト**を使うかに分かれます。

### ● 論理演算と if 文

　論理演算を利用すると、1つのif文で複数の条件式を扱うことができます。複数の
条件がすべて成り立つ場合はand、複数の条件のどれかが成り立つ場合はorを使い
ます。

## ◉ 論理積（and）

　and（アンド）演算は、「A かつ B」のように、2 つの条件 A、B が両方成り立つか
どうかを調べるときに使う演算です。

　この演算は、複数の条件式が両方とも真（True）のときに真になり、**論理積（ろ
んりせき）** と呼びます。2 つの条件式 A と条件式 B があった場合、それぞれの値と
and の関係性は次の表のようになります。

● and演算

| 条件式A | 条件式B | 条件式A and 条件式B |
|---------|---------|----------------------|
| True | True | True |
| True | False | False |
| False | True | False |
| False | False | False |

　この表からわかるとおり、条件式 A・条件式 B の両方が True のときにしか、条件
式 A and 条件式 B は True になりません。つまり、A と B の 2 つの条件が成り立たな
ければならないということを意味します。

　これを if 文と組み合わせて利用するときの書式は次のようになります。

● 論理積による条件分岐の書式
```
if 条件式A and 条件式B :
    処理
```

　これにより条件式 A と条件式 B がともに真（True）の場合に処理が実行されます。
実際に次の and を使ったスクリプトファイルのサンプルを実行してみましょう。

**Sample3-7（if_sample5.py）**
```
01  # キーボードから数値を入力
02  a = int(input("a="))
03  b = int(input("b="))
04
05  if a == 1 and b == 1:
06      # aもbも1だった場合の処理
07      print("aもbも1です。")
```

　プログラムを実行すると、2 回数値の入力を求められます。これらの値はそれぞれ
変数 a、b に代入されます。そして両方とも値が 1 であれば「a も b も 1 です。」と
表示されます。

● **実行結果①（両方とも1だった場合）**

a=1 ◀━━━━━ 「1」を入力
b=1 ◀━━━━━ 「1」を入力
aもbも1です。

　しかし、入力した値の中に1つでも1以外の値が入っていた場合は何も表示されません。

● **実行結果②（1ではない入力があった場合）**

a=1 ◀━━━━━ 「1」を入力
b=2 ◀━━━━━ 「2」を入力

　何度か実行して a、b にさまざまな数値の組み合わせを入力し、a、b ともに 1 のときしか if 文の処理が実行されないことを確認してみましょう。

## ◉ **論理和（or）**

　or（オア）演算は、「A または B」のように、2 つの条件 A、B のいずれかが成り立つかどうかを調べるときに使う演算です。
　このような演算を**論理和**と呼びます。これも and の場合と同様に表で関係性を表すと、次のようになります。

● **or演算**

| 条件式A | 条件式B | 条件式A or 条件式B |
|---------|---------|---------------------|
| True | True | True |
| True | False | True |
| False | True | True |
| False | False | False |

　if 文で or を使った条件分岐を行うためには、以下のような書式となります。

● **論理和による条件分岐の書式**

```
if 条件式A or 条件式B ：
    処理
```

　これにより条件式 A と条件式 B のいずれかが（True）の場合に処理が実行されます。実際に次の or を使ったスクリプトファイルのサンプルを実行してみましょう。

**Sample3-8（if_sample6.py）**

```
01  # キーボードから数値を入力
02  a = int(input("a="))
03  b = int(input("b="))
04
05  if a == 1 or b == 1:
06      # aかbのどちらか1だった場合の処理
07      print("aかbが1です。")
```

　Sample3-5 と同様に最初にキーボードから変数 a、b に数値を入力します。
まずは両方とも 1 を入力してみましょう。

●**実行結果①（両方とも1だった場合）**

a=1 ◀─────「1」を入力
b=1 ◀─────「1」を入力
aかbが1です。

　この処理は、and の場合と同様に a、b ともに 1 であるために、「a か b が 1 です」
と表示されます。次に、一方だけが 1 のケースを見てみましょう。

●**実行結果②（一方だけが1の場合）**

a=1 ◀─────「1」を入力
b=2 ◀─────「2」を入力
aかbが1です。

　and の場合と違い、or は a、b のどちらかだけが 1 であっても条件が成り立ちます。
最後に、両方とも 1 以外の数値であった場合を見てみることにします。

●**実行結果③（両方とも1ではない場合）**

a=2 ◀─────数値を入力
b=2 ◀─────数値を入力

　今度は何も表示されません。これは「a==1」もしくは「b==1」のいずれも正しく
ないためです。
　このサンプルも and の場合と同様に a と b の値をさまざまな値に変えてみましょ
う。and の場合と違い、a か b のいずれかが 1 であれば、「m か n が 1 です」と表示
されますが、両方とも 1 以外である場合は何も表示されません。

## ◉ 否定（not）

　条件分岐に利用できる論理演算としては、and と or のほかに否定（not、ノット）が存在します。and や or と違い複数の条件を判定するようなものではありませんが、重要な論理演算なのでここで説明しておきます。

　not は、条件式の内容を逆転させます。例えば「m== 1」という条件式は「m が 1 に等しい」という意味ですが、先頭に not を付けて「not m == 1」とすると、「m は 1 に等しくない」という逆の意味になります。

　このように、not は条件式の意味を逆転させる論理演算を行います。not 演算による条件式と not 演算の関係性を表すと次のようになります。

● **not演算**

| 条件式 | not 条件式 |
|---|---|
| True | False |
| False | True |

　これを if 文で使う場合、書式は次のようになります。

● **not**による条件分岐の書式

```
if not 条件式:
    処理
```

　この場合、条件式が偽（False）の場合、処理が実行されます。実際に not を使った次のサンプルを実行してみてください。

**Sample3-9（if_sample7.py）**
```
01  # キーボードから数値を入力
02  a = int(input("a="))
03
04  if not a == 0:
05      print("aは0ではありません")
06  else:
07      print("aは0です")
```

　このプログラムを実行すると、0 を入力すると「a は 0 です」と表示され、それ以外の値を入力すると「a は 0 ではありません」と表示されます。

● **実行結果①（0を入力した場合）**

a=0 ◀──────「0」を入力

aは0です

● **実行結果②（0以外の値入力した場合）**

a=1 ◀──────「0」以外の値を入力

aは0ではありません

　このサンプルの if 〜 else 文は以下の処理とまったく同じ意味になります。

● **Sample3-9のif〜else文の意味と同じ意味を持つif文**

```
04  if a == 0:
05      print("aは0です")
06  else:
07      print("aは0ではありません")
```

　このように not を使って if 〜 else 文を記述すると、not を使わないケースの if 〜 else 文の処理が逆転した内容になります。

## 複数の論理演算を組み合わせる

　and や or を使うだけでも、条件分岐でできることは多くなりました。and や or などの論理演算を使った条件式は、単独で使われるばかりではなく、組み合わせて使われます。組み合わせると、より複雑な条件での条件分岐を記述できるようになります。

　そのときに気を付けなくてはならないのが、論理演算の優先順位です。算術演算の場合と同様に、論理演算にも優先順位があります。論理演算の演算子には次のような優先順位があります。

● **論理演算子の優先順位（上にあるものほど優先順位が高い）**

| 優先順位 | 論理演算 |
| --- | --- |
| 1 | not |
| 2 | and |
| 3 | or |

**注意**　and、or、not などを組み合わせた複雑な条件式を記述する場合は、優先順位に注意する

なお、論理演算も算術演算と同様にカッコを使って演算の優先順位を変更することができます。では実際にandとorが混在する演算のケースを見てみましょう。

**Sample3-10（if_sample8.py）**

```
01  a = 1
02  b = 2
03
04  if a == 2 or b == 1 and a == 1 or b == 2:
05      print("True")
06  else:
07      print("False")
08
09  if (a == 2 or b == 1) and (a == 1 or b == 2):
10      print("True")
11  else:
12      print("False")
```

このプログラムの実行結果は次のようになります。

● **実行結果**

```
True
False
```

このサンプルには、orとandが混在した条件式が2つあります。内容はほぼ一緒ですが、カッコが使われているケースとそうでないケースでは演算の仕方が違ってきます。

● 「a == 2 or b == 1 and a == 1 or b == 2」の演算内容

① b == 1 and a == 1（=False）
② a == 2（False）or False（=False）
③ False or b == 2（True）（=True）

最初の条件式「a == 2 or b == 1 and a == 1 or b == 2」の場合、and演算はor演算よりも優先順位が高いので、まず中央部分の「b == 1 and a==1」の演算を行います（図の①）。その結果、「False」が得られるので、次にその結果と先頭部分の「a==2」

との or 演算である、「a == 2 or False」を行います（図の②）。a の値は 1 なので、これは「False or False」となり、結果は False となります（図の③）。

最後にこの結果と最後の「b == 2」との or 演算を行います。これは「False or True」となり、最終的な結果は True になります。

- 「(a == 2 or b == 1) and (a == 1 or b == 2)」の演算内容

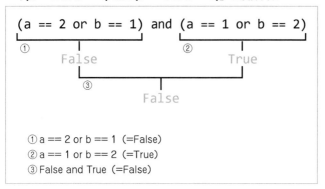

これに対し、()のある演算である「(a == 2 or b == 1) and (a == 1 or b == 2)」の場合、最初に () の付いた演算で、先頭部分にある「a == 2 or b == 1」を行い、結果の False を得ます（図の：①）。

次に、後の部分の () の付いた演算である「a == 1 or b == 2」を行い、結果の True を得ます（図の②）。

最後にこれらの結果を中央の and 演算をすることにより、最終的な演算結果である「False」を得ます（図の③）。

このように、演算によって得られる結果は同じような式でも、カッコが入っているかによって結果が変わるので、論理演算が混在するような複雑な条件分岐をする場合には注意が必要です。

例題 3-7 ★☆☆

キーボードから 3 つの整数値を入力させ、それらがすべて 1 ならば「入力された数値はすべて 1 です」と表示するプログラムを作りなさい。

 解答例と解説

複数の条件がすべて成り立つかどうかは and によって実現できます。条件式の数はいくつあっても、それらをすべて and で結合することにより、それらの式が同時に成り立つかどうかを判別することができます。

● 解答例（**ex3-7.py**）

```
01  a = int(input("1つ目の数:"))
02  b = int(input("2つ目の数:"))
03  c = int(input("3つ目の数:"))
04
05  if a == 1 and b == 1 and c == 1:
06      print("入力された数値はすべて1です")
```

このプログラムを実行すると a、b、c すべてが 1 である場合にしかメッセージが表示されません。

 例題 3-8 ★☆☆

キーボードから 3 つの整数値を入力させ、それらのいずれか 1 つが 1 ならば「入力された数値に 1 が含まれています」と表示するプログラムを作りなさい。

 解答例と解説

作成するプログラムは例題 3-7 とほぼ同じです。違いは、条件式が「or」で結び付けられていることです。and と違い、条件式がいくつあっても、この中の 1 つでも条件を満たせばメッセージが表示されます。メッセージが表示されないのは、入力した数値の中にまったく 1 が含まれていないケースのみです。

- 解答例（**ex3-8.py**）

```
01  a = int(input("1つ目の数:"))
02  b = int(input("2つ目の数:"))
03  c = int(input("3つ目の数:"))
04
05  if a == 1 or b == 1 or c == 1:
06      print("入力された数値に1が含まれています")
```

 例題 3-9

次のプログラムから not を取り去り、まったく同じ処理をするプログラムに書き替えなさい。

```
01  # 文字列を入力
02  s = input("文字列を入力:")
03
04  #入力した文字列がHelloでなければ「入力した文字列はHelloではありません」と表示
05  if not s == "Hello":
06      print("入力した文字列はHelloではありません")
07  else:
08      print("Helloが入力されました")
```

- 実行例①（**Hello**が入力された場合）

文字列を入力:Hello ◀—— 「Hello」と入力
Helloが入力されました

- 実行例②（**Hello以外**が入力された場合）

文字列を入力:World ◀—— 「Hello」以外を入力
入力した文字列はHelloではありません

 解答例と解説

解答の方法は大きく分けて 2 とおりあります。1 つ目は not のある式と同じ意味を持つ式に書き替える方法です。「not s == "Hello"」とは、「s が "Hello" ではない」という意味なので、これを他の方法で書くと「s != "Hello"」となります。

● **解答例（ex3-10.py）**

```
01  # 文字列を入力
02  s = input("文字列を入力:")
03
04  #入力した文字列がHelloでなければ「入力した文字列はHelloではありません」と表示
05  if s != "Hello":
06      print("入力した文字列はHelloではありません")
07  else:
08      print("Helloが入力されました")
```

　そしてもう1つの方法は、not をとるだけで式をそのまま使うケースです。この場合、if と else の中身を逆にしなくてはなりません。

　このケースは、5行目以降の if ～ else の処理の記述だけを紹介します。

```
05  if s == "Hello":
06      print("Helloが入力されました")
07  else:
08      print("入力した文字列はHelloではありません")
```

# 3-2 if 文のネスト

- if 文の中にさらに if 文が入ったネストの構造を理解する
- ネストを使った複雑な条件分岐を記述する
- 論理演算との使い分けを理解する

## if 文のネストとは何か

複雑な if 文は、論理演算による複数の条件を記述するケースばかりではありません。しばしば、if 文の中にさらに if 文が入るケースがあります。これを if 文の**ネスト**といいます。if 文のネストの基本的な記述方法は次のとおりです。

**ネスト**
**用語** 入れ子構造のこと。処理の中にさらに別の処理が入る場合に使う

- **if文のネストの書式**

```
if 条件1:
    if 条件2:
        処理
```

if 文の中にさらに if 文が入っており、条件 1、条件 2 が成り立つなら処理が実行されます。このとき気を付けなくてはならないのがインデントです。if文が入れ子になっているため、**2 段階でインデントする必要**があります。では、実際にインデントを使った処理を実行してみることにしましょう。

**Sample3-11（if_sample9.py）**
```
01  age = int(input("年齢:"))
02  if age >= 20:
03      if age < 60:
04          print("20歳以上60歳未満")
```

プログラムを実行すると「年齢:」と表示されて入力を求めてきます。ここに年齢

を入力し、Enter キーを押すと、20 以上 60 未満の数値を入力した場合、「20 歳以上 60 歳未満」と表示されます。

● 実行結果

```
年齢:50  ◀━━━━ キーボードから数値を入力
20歳以上60歳未満
```

しかし、20 未満の数や 60 以上の数値を入力しても何も表示されません。

## ◉ if文のネストの仕組み

プログラムの流れを見てみましょう。最初の if 文で age が 20 以上かどうかを判別します。その後で次の if 文の条件である 60 未満かどうかの判別をします。内側の if 文を 1 つの処理のかたまりと考え、外側の if 文の条件が成り立ったときに実行すると考えるとわかりやすいでしょう。

● if文のネストの仕組み

外側の if 文

```python
if age >=20:
    if age < 60:
        print("20歳以上60歳未満")
```

内側の if 文

フローチャートで表現すると次のようになります。

● if文のネストのフローチャート

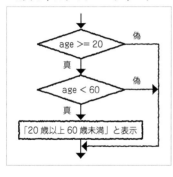

125

## ネストと論理演算

Sample3-11 とまったく同じ処理をするプログラムは、以下のように論理演算の and を使っても記述することができます。

**Sample3-12（if_sample10.py）**

```
01  age = int(input("年齢:"))
02  if age >= 20 and age < 60:
03      print("20歳以上60歳未満")
```

**注意**　if 文のネストは、階層が深くなりすぎるとプログラムの可読性が低くなります。逆に論理演算だけですべての処理を一行で表現しようとすると、条件の処理が難解になりすぎます。状況に応じて使い分けましょう。

### ◎ ネストと論理演算を混合したサンプル

では実際にネストと論理演算を組み合わせたサンプルを見てみましょう。以下のサンプルを入力して実行してみてください。

**Sample3-13（if_sample11.py）**

```
01  #年齢を入力
02  age = input("年齢:")
03  # 文字列を数値に変換
04  age = int(age)
05
06  if 0 <= age and age < 20:
07      print("未成年")
08  elif age >=20:
09      #性別
10      gender = input("男性(m) or 女性(f):")
11      if gender == "m":
12          print("成人男性")
13      elif gender == "f":
14          print("成人女性")
15      else:
16          print("性別不明")
17  else:
18      print("不適切な値です")
```

プログラムを実行すると年齢の入力を求めてきます。入力した値によって、その後の処理が異なります。このプログラムの実行結果は、入力する値によって大きく3つに分けられます。年齢が0歳以上20歳未満の場合、「未成年」と表示されます。

**● 実行結果①（0歳以上20歳未満の場合）**

年齢：1 ← 年齢を入力
未成年

20歳以上の場合は、今度は性別の入力を求めてきます。男性であればmを、女性であればfを入力します。

「m」を入力した場合は「成人男性」と表示され、「f」を入力した場合は「成人女性」と表示されます。それ以外を入力すると「性別不明」と表示されます。

**● 実行結果②（20歳以上の年齢を入力した場合）**

年齢：25 ← 年齢を入力

男性(m) or 女性(f)：m ← 性別を入力
成人男性

また、入力する年齢が-1のような値だと「不適切な値です」と表示されてプログラムが終了します。

**● 実行結果③（年齢として不適切な値が入力された場合）**

年齢：-1
不適切な値です

以上の処理をフローチャートにしたものを見てみましょう。

● **Sample3-13のフローチャート**

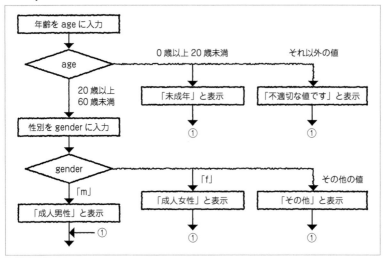

　最初に入力された年齢の値（age）によって処理は大きく3つに分かれます。20歳未満とそれ以外の値の場合は、それぞれのメッセージを表示して、チャート内の①の場所に飛びます。

　年齢が20歳以上の場合は性別の入力を求めます。m、fおよびその他のメッセージを表示して、①の処理に合流していきます。

**重要**

ネストのみ、または論理演算の組み合わせのみでは、プログラムの可読性が下がってしまいます。適宜、両者を取り混ぜて、読みやすいソースコードを記述するように心掛けましょう。

# 例題 3-10 ★☆☆

以下の処理を、if 文のネストを使って作りなさい。

(1)「正の数を入力してください :」と表示する
(2) キーボードから整数値を入力させる
(3) 入力した値が正の偶数なら「正の偶数です」と表示する
(4) 入力した値が正の奇数なら「正の奇数です」と表示する
(5) 入力した値が正の数でなければ、「正の数ではありません」と表示する

## 解答例と解説

ネストを使って表現する場合、外側の if で入力した数値が正か、そうでないかを判断し、正であった場合、内側の if で奇数か偶数かの判断を行います。そのため、作成するプログラムは次のようになります。

● 解答例（ex3-10.py）

```
01  # 整数値を入力
02  n = int(input("正の数を入力してください:"))
03
04  # nが正かどうかの判定
05  if n > 0:
06      # nが正の場合 … nが偶数か奇数かを判定
07      if n % 2 == 0:
08          # 2で割り切れれば偶数
09          print("正の偶数です")
10      else:
11          # 2で割り切れなければ奇数
12          print("奇数です")
13  else:
14      # nが正ではない場合
15      print("正の数ではありません")
```

内側の if 文は、偶数・奇数の判定です。2 で割り切れる（2 で割った余りが 0）場合は偶数、そうでなければ奇数としています。逆に 2 で割った余りが 1 であれば奇数、そうでなければ偶数という判定方法もできます。

# 4 練習問題

 ▶ 正解は 307 ページ

##  問題 3-1 ★☆☆

2 つの整数値をキーボードから入力させ、それぞれの足し算・引き算・掛け算・割り算とその余りを表示するプログラムを入力しなさい。

ただし、2 つ目に入力させた数値が 0 の場合、割り算および余りを表示する代わりに「0 での割り算はできません」と表示すること。

## 問題 3-2 ★☆☆

キーボードから文字列を入力させて、その内容に応じて以下のメッセージを表示して終了するプログラムを作りなさい。

(1) 5 文字未満だった場合 ……「短い文章ですね」と表示
(2) 5 文字以上 20 文字未満の場合 ……「中くらいの文章ですね」と表示
(3) 20 文字以上の場合 ……「長い文章ですね」と表示

ただし、何も入力されていない場合には「文章を入力してください」と表示して終了すること。

**問題 3-3** ★ ★ ☆

キーボードから西暦の年数を入力させ、閏（うるう）年かどうかを判定するプログラムを作りなさい。なお、閏年かどうかを判定する条件は次のとおりである。

- 西暦で示した年が 4 で割り切れる年は閏年
- ただし、西暦で示した年が 100 で割り切れる年は閏年ではない
- 100 で割り切れても、西暦で示した年が 400 で割り切れる年は閏年

なお、キーボードから入力させる数値は 0 以上とすること。0 未満の数値が入力された場合は「不適切な値です」と表示してプログラムを終了すること。

# 4日目

# 繰り返し処理

# 繰り返し処理

- 繰り返し処理とは何かについて学習する
- while 文、for 文の使用方法を学習する
- さまざまなケースの繰り返し処理の記述方法について理解する

## 1-1 while 文

### POINT

- 繰り返し処理とは何かを理解する
- while 文を使った繰り返し処理を理解する
- while 文のさまざまな利用方法を学ぶ

### 繰り返し処理とは何か

1日目で説明したとおり、コンピュータのアルゴリズムは次の3つの要素から成り立っています。

- 順次処理
- 分岐処理
- 繰り返し処理

最初の2つに関してはすでに学習しています。この章ではいよいよ最後の「繰り返し処理」について学習します。繰り返し処理は一定の回数、もしくは無制限に同じ処理を繰り返すことです。一般にプログラムの中における繰り返し処理のことを**ループ**といいます。

Python ではループの処理を行うために、while 文と for 文という2種類の文が用意されています。ここではそれぞれの使い方を説明します。

## while 文

手始めに while 文を使ったループの実装方法を説明します。while 文は、条件が成り立っている間、処理を繰り返します。書式は次のようになります。

● **while文の書式**
```
while 条件式:
    条件がTrueの場合、繰り返す処理
```

条件式の書式は if 文と同じです。繰り返し処理の部分にはインデントを入れます。違いは、**条件が成り立っている間は処理が繰り返される**ことです。

### ◉ while文の簡単なサンプル(1)

実際に while 文を使った簡単なサンプルを実行してみましょう。

**Sample4-1（while_sample1.py）**
```
01  # iの初期値を0に設定
02  i = 0
03  # i < 4の間処理を繰り返す
04  while i < 4:
05      print(i)
06      i = i + 1
```

これを実行すると、結果は次のようになります。

● **実行結果**
```
0
1
2
3
```

この処理では、初期値として i に 0 を代入し、i が 4 未満の間、while 以下にある 5 行目・6 行目の処理を繰り返します。i = i + 1 により、毎回 i の値が 1 増えていくので、i = 4 のときに i < 4 が False となるのでループから抜け出し、処理が終了します。

● Sample4-1のwhile文の処理のイメージ

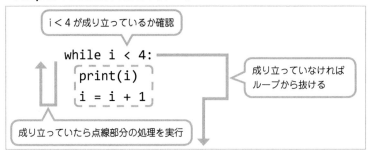

iと条件式の関係を表にすると次のようになります。

● Sample4-1のiと条件i < 4の関係

| i | i < 4 |
|---|-------|
| 0 | True |
| 1 | True |
| 2 | True |
| 3 | True |
| 4 | False |

これをフローチャートで表すと次のようになります。

● Sample4-1のフローチャート

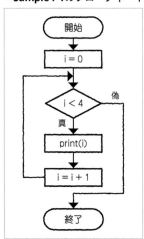

## ◉ while文の簡単なサンプル(2)

次に i や条件式を変えたサンプルを実行してみましょう。次のサンプルを入力し実行してみてください。

**Sample4-2（while-sample2.py）**

```
01  # iに5を代入
02  i = 5
03  # iが0より大きい間繰り返し
04  while i > 0:
05    print(i)
06    i = i - 1
```

● 実行結果

```
5
4
3
2
1
```

この処理では、初期値として i に 5 を代入し、i が 0 より大きい間、while 以下にある 5 行目・6 行目の処理を繰り返します。i = i - 1 により、毎回 i の値が 1 減っていくので、i = 0 のときに i > 0 が False となりループから抜け出し、処理が終了します。

● **Sample4-2のwhile文の処理のイメージ**

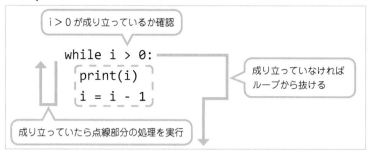

なおこのケースの i と条件式の関係を表にすると次のようになります。

● iと条件「i > 0」の関係

| i | i > 0 |
|---|-------|
| 5 | True |
| 4 | True |
| 3 | True |
| 2 | True |
| 1 | True |
| 0 | False |

　このように、while 文を使えばある一定回数、繰り返す処理を記述することができます。これをフローチャートで表すと次のようになります。

● Sample4-2のフローチャート

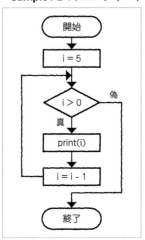

## ● 無限ループ

　while 文は記述された条件式が成り立つ（True である）間は、処理を繰り返し続けます。そのため、場合によってはループが終わらないようなケースも出てきます。このように処理が終わらないループを**無限ループ**といいます。プログラムを強制終了させない限り止まりません。

　実際に while を使って無限ループを作ってみましょう。次のサンプルを入力し実行してみてください。

**Sample4-3（while-sample3.py）**

```
01  while True:
02      print("hoge")
```

大変短いプログラムですが、このプログラムを実行すると止まらなくなってしまいます。VSCode 上で実行すると次のようにターミナルの部分に「hoge」という文字が表示され続ける状態になります。

● 無限ループ

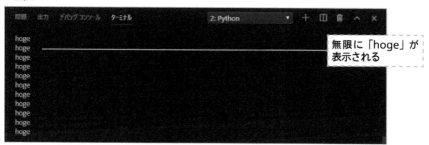

無限に「hoge」が
表示される

これは while 文の後に条件式を書かずに「True」と記述することで、強制的に常に繰り返しの状態が続くようにしているため起こる現象なのです。

このような場合、プログラムを強制的に停止する必要があります。VSCode で無限ループに陥ったプログラムを強制的に停止するためには、「ターミナル」の部分をクリックした後、Ctrl + C キーを押します。

● 無限ループを停止する

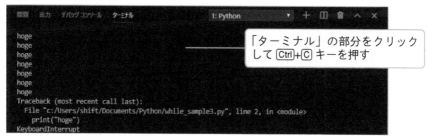

「ターミナル」の部分をクリック
して Ctrl + C キーを押す

**注意**　条件式を間違えて、意図せずに無限ループを作ってしまい、プログラムが止まらなくなってしまうことは少なくありません。プログラムを強制停止する方法を覚えておきましょう。

# 1-2 for 文

POINT

- for 文を使った繰り返し処理を理解する
- while 文との違いを理解する
- for 文のさまざまな利用方法を学ぶ

## for による繰り返し処理

繰り返し処理には while 文のほかに **for（フォー）文** があります。for 文は while 文と違い、指定した範囲の値を繰り返して取り出す処理です。

for 文の書式は次のとおりになります。

● **for文の構文**

```
for 変数 in データの集まり:
    処理
```

for 文で利用できる「データの集まり」にはさまざまなものがありますが、ここでは **range（レンジ）関数** を使う方法を説明します。range 関数は連続した数値の集まりを作り出すための関数です。

基本的な range 関数の使い方と得られる数値の範囲は下表のようになります。なお、range で扱える数値の範囲はあくまでも整数であり、小数点の付いた数値は扱うことができません。

● **range関数の使い方①**

| 使い方 | 詳細 | 使用例 | 結果 |
|---|---|---|---|
| range(n) | 0からn-1の値までの数値の集まり | range(5) | 0, 1, 2, 3, 4 |
| range(m,n) | mからn-1までの数値の集まり | range(2,5) | 2, 3, 4 |

### ◉ 0から始まるループの例

for 文と range を組み合わせて、指定した範囲内の繰り返し処理を行ってみましょう。次のサンプルを実行してみてください。

**Sample4-4（for-sample1.py）**
```
01  # 0から4までの繰り返し
02  for num in range(5):
03    print(num)
```

● 実行結果

```
0
1
2
3
4
```

変数 num に、range(5) によって値が 0、1、2、3、4 という数値が順に代入され、それが次の print 関数で表示されます。

● **for文の処理の流れ**

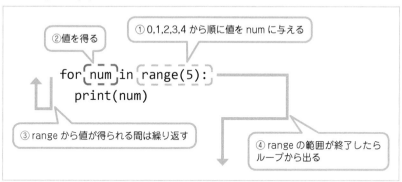

### ◉ 任意の数から始まる例

次に、range(2,5) の場合を見てみましょう。

**Sample4-5（for-sample2.py）**
```
01  # 2から4までの繰り返し
02  for num in range(2,5):
03    print(num)
```

141

- 実行結果

```
2
3
4
```

このように 2 ～ 4 の値が表示されることがわかります。

## range 関数のさらに高度な使い方

　ここまで紹介してきた range 関数のサンプルでは、あくまでもある範囲の間を数値が 1 つずつ増えていくものだけでした。

　しかし、実際には 2 つずつ増えていくケースや、1 つずつ減らしていくようなケースも必要となります。ここではそのような場合の繰り返し処理について説明します。

- **range関数の使い方②**

| 使い方 | 詳細 |
|---|---|
| range(m,n,s) | mからnの1つ手前の数値まで、sずつの数値の集まり（m,n,sはいずれも整数） |

　具体的な使い方と、得られる値の範囲は以下のようになります。

### ◎ 数値を増やしていくパターン

- **range関数の使用例**

```
01  range(0,10,2)  ◀──  0、2、4、6、8
02  range(5,2,-1)  ◀──  5、4、3
```

　わかりやすくするために、このサンプルを図にまとめてみることにします。まずは最初の「range(0,10,2)」から見てみましょう。

- **range(0,10,2)のイメージ**

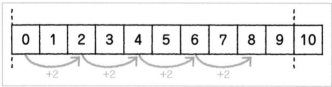

スタートが「0」で、目的となる数値が「10」なのでゴールがその1つ手前の「9」となります。range関数のsはステップと呼ばれ、この数値ずつ値を増減させることができます。そのため0から2、4、6…と、2ずつ値が増えていきます。8の次は10ですが、これは範囲から外れてしまうため8でストップします。したがって、得られる値は「0、2、4、6、8」ということになります。

**Sample4-6（for-sample3.py）**
```
01  # 2から8まで2ずつ増加
02  for num in range(0,10,2):
03    print(num)
```

● 実行結果
```
0
2
4
6
8
```

### ◎ 数値を減らしていくパターン

次に「range(5,2,-1)」の場合を見てみましょう。

● **range(5,2,-1)のイメージ**

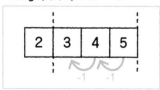

range(5,2,-1)の場合、スタートが「5」で、ゴールが5から見て2の1つ手前である「3」になります。

ステップは「-1」なので、得られる値は「5、4、3」ということになります。実際に、この内容を検証するためのサンプルを実行してみましょう。

**Sample4-7（for-sample4.py）**
```
01  # 5から3まで1ずつ減少
02  for num in range(5,2,-1):
03    print(num)
```

● **実行結果**

```
5
4
3
```

**参考**

while は、ある条件が成り立っている（または成り立たない）間、処理を繰り返すような使い方をする際に便利な命令です。それに対して for 文は、ある連続したデータの中から要素を取り出す際に便利な命令です。適宜、使い分けましょう。

**例題 4-1** ★ ☆ ☆

while 文を使って、「HelloWorld」と 3 回表示するプログラムを作りなさい。

## 解答例と解説

while ループで 3 回の繰り返し処理を行う処理を記述し、その中で「HelloWorld」と表示する処理を記述します。

**ex4-1.py**
```
01  i = 0
02  while i < 3:
03      print("HelloWorld")
04      i = i + 1
```

ここでは i の初期値を 0 とし、i < 3 とすることによって 3 回表示するプログラムを作っています。

 **例題 4-2** ★ ☆ ☆

次の while 文の処理を for 文に書き替えなさい。

```
01  i = -4
02  while i <= 4:
03      print("i={} ".format(i),end="")
04      i = i + 2
```

● 実行結果
```
i=-4 i=-2 i=0 i=2 i=4
```

## 解答例と解説

このプログラムの実行結果は次のようになります。

<u>end=</u> は初めて出てきましたが、print 関数のオプション引数です。これは、ある

文字列の末尾に、任意の別の文字を追加するためのものです。

　これまでのサンプルのように end= を省略している場合、print 関数で表示される文字の末尾は改行が指定されますが、この引数によって改行以外の文字を末尾に付けることができます。

　" " は空文字列（からもじれつ）と呼ばれて、「空っぽ」の文字列を意味します。

　このように end="" と指定することにより、改行を行わずに次の表示を行うことができます。そのため i の値が改行されることなく、連続して表示されています。

　次に、i の値に着目すると、初期値が -4 で、-2、0、2、4 といったように 2 ずつ増加していきます。これを for 文で使用する range 関数で表すと、「range(-4,5,2)」となります。

　これをもとにプログラムを for 文で書き替えると、次のようになります。

**ex4-2.py**

```
01  for i in range(-4,5,2):
02      print("i={} ".format(i),end="")
```

# 2 高度な繰り返し処理

- ▶ 高度な while や for の使い方をマスターする
- ▶ 処理の流れを変える break・continue・else などの使い方を理解する
- ▶ 多重ループを効率的に記述する方法を理解する

## 2-1 ループの流れを変える

 POINT

- break と continue でループの流れを変える方法を学ぶ
- else でループ終了後の処理を記述する方法を学ぶ
- pass 文について学ぶ

### ● break と continue

繰り返し処理を行っている際に、何らかの事情で途中でループを抜け出したり、ある処理をスキップしなくてはならなくなったりするようなケースがあります。

そのような場合に役に立つのが、ここで紹介する <u>break（ブレーク）</u> と <u>continue （コンティニュー）</u> です。

#### ◎ breakによるループからの離脱

while 文の処理のループから抜けたいときは、break を使います。実際に以下の break 文を使ったサンプルを実行してみてください。

**Sample4-8（advloop-sample1.py）**

```
01  i = 0
02  # iが4未満の間処理を繰り返す
03  while i < 4:
04      print(i)
```

```
05      # iが2のときループから抜ける
06      if i == 2:
07          break
08      i = i + 1
```

● 実行結果

```
0
1
2
```

このサンプルにある while の基本構造は Sample4-1 と変わりません。そのため、i は 0、1、2、3 と変化してプログラムが終了するはずです。

ところが 6 〜 7 行目の if 文で、i が 2 のとき break を実行するように指定されています。i が 2 になった段階で強制的にループから抜ける処理を意味しているため、この段階でプログラムは終了します。

これをフローチャートに描画すると次の図のようになります。

● **break の処理の流れ**

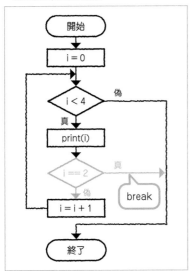

break は、for ループから抜ける場合でも使用可能です。Sample4-8 と同じ処理をする処理を for で記述してみましょう。

**Sample4-9（advloop-sample2.py）**

```
01  for i in range(0,4):
02      print(i)
03      # iが2のときループから抜ける
04      if i == 2:
05          break
```

　実行結果もまったく同じであり、i が 2 のときにループから抜けたことがわかります。

　4 行目の if 文で「i==2」が成立するかどうかの判定を行い、その結果が真であれば break で抜けて処理を終了しているので、i=3 以降の処理は行われません。

　なお、break はしばしば無限ループと共に使われます。

　通常無限ループを作るのはあまり好ましいことではありませんが、break を使うことにより、「ある条件が満たされるまで処理を繰り返す」というような使い方で利用されます。

## ◉ continueによるループの流れの制御

　break に続いて continue を紹介します。

　continue を使うと、ループ内の最初の処理、具体的には while にジャンプすることができます。実際に次のサンプルを入力し実行してみてください。

**Sample4-10（advloop-sample3.py）**

```
01  i = 0
02  while i < 4:
03      i = i + 1
04      # iが2のときループの先頭に戻る
05      if i == 2 :
06          continue
07      print(i)
```

● 実行結果

```
1
3
4
```

　このサンプルでは、i に 1 を足してからその値を表示していますが、5 行目の if 文で i が 2 の場合のみ continue を使って強制的に 3 行目の処理に戻るように指定されています。そのため、次の print(i) が実行されず、2 は表示されません。

　これをフローチャートで表現すると次の図のようになります。

• **continue の処理の流れ**

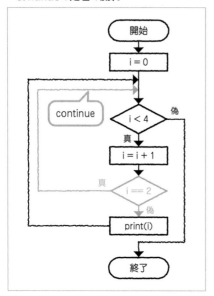

なお、このサンプルも break の場合と同様に、for 文でも利用可能です。for 文に continue を入れたサンプルは次のようになります。

**Sample4-11（advloop-sample4.py）**
```python
for i in range(0,4):
    # iが2のときループの先頭に戻る
    if i == 2 :
        continue
    print(i)
```

これも i が 2 のときに処理が for 文に戻るので、i=2 のときは値が表示されません。

## while 文や for 文で else を使用する

while 文および for 文には、else による処理を記述することができます。if 文における else は、条件が成り立たなかった場合に使いますが、while 文および for 文ではループ終了時の処理を記述するために使います。

### ◉ while文ループのelse

まずは、while 文のループで実際に else の処理を記述してみましょう。書式は次のようになります。

• while～elseの書式
```
while 条件式:
    処理①
else:
    処理②
```

条件式が成り立っている間は処理①を実行し続け、終了時に一度だけ処理②が実行されます。実際に次のサンプルを実行して試してみましょう。

**Sample4-12（advloop-sample5.py）**
```
01 i = 0
02 while i < 4:
03     print(i)
04     i = i + 1
05 else:
06     # ループ終了時に実行
07     print("ループの終了")
```

• 実行結果
```
0
1
2
3
ループの終了
```

while 文のループにより、0 から 3 までの数字が表示され、ループが終了した後に「else」の処理である print が実行され、「ループの終了」という文字列が表示されます。

## for文ループのelse

続けて for 文のループのケースを見てみましょう。書式は次のとおりです。

• **for～elseの書式**

```
for 変数 in データの集まり:
    処理①
else:
    処理②
```

基本的な形は while と変わらず、ループ終了後に処理②が実行されます。実際に次のサンプルを実行してみてください。

**Sample4-13（advloop-sample6.py）**

```
01  for i in range(0,4):
02      print(i)
03  else:
04      # ループ終了時に実行
05      print("ループの終了")
```

実行結果は Sample4-12 と一緒です。

## 何もしない処理 pass

ここで、この for ～ else および while ～ else と組み合わせてしばしば使われる pass という処理を紹介します。pass は、**何もしない処理**です。

具体的なサンプルを次に紹介します。

**Sample4-14（advloop-sample7.py）**

```
01  for i in range(0,4):
02      pass
03  else:
04      print(i)
```

• **実行結果**

```
3
```

for 文ループの中にある pass は本当に何も処理しません。その間に i が 0、1、2、3 と変化して、最後に else で print(i) が実行されます。

**参考**

pass には、このほかに

- 関数（6 日目・218 ページを参照）の中で何もしない。
- 例外（7 日目・280 ページを参照）が発生した場合に何もしない。

などといった場合にも用いられます。

Python 言語は文法上、何もしない処理でも必ず何か記述しなくてはならないという制約があるので、そのような場合にはこの pass を記述するのです。

4日目

繰り返し処理

## 例題 4-3 ★☆☆

　キーボードから正の整数を入力するように要求し、入力した結果が正の数であるのならばその数を表示し、それ以外のものが入力された場合には、正しい値が入力されるまで何度も入力を要求するように促すプログラムを作りなさい。

- **実行例①（正の整数が入力された場合）**

```
正の整数を入力:5 ◀────── 正の整数を入力
入力した数:5
```

- **実行例②（正の整数以外が入力された場合）**

```
正の整数を入力:-1 ◀────── 負の整数を入力
正の整数を入力:abc ◀────── 数字以外の値を入力
正の整数を入力:5 ◀────── 正の整数を入力
入力した数:5
```

### 解答例と解説

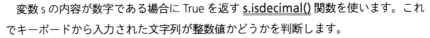

　変数 s の内容が数字である場合に True を返す **s.isdecimal()** 関数を使います。これでキーボードから入力された文字列が整数値かどうかを判断します。

　基本となる処理は「while True:」で無限ループにし、入力した文字列が整数値でなければ continue で 4 行目に戻り、入力のやりなおしをさせます。

　入力した整数値が正の整数であれば、break でループを抜け、入力された数を表示させます。

**ex4-3.py**

```python
01  num = 0
02  while True:
03      # 数値を入力
04      s = input("正の整数を入力:")
05      # 整数が入力されているかどうかを判定
06      if not s.isdecimal():
07          # 正の整数以外が入力されていたらループを繰り返す
08          continue
09      # 入力された文字列を整数に変換
10      num = int(s)
11      if num > 0:
12          break
13
14  print("入力された数:{}".format(num))
```

**2-2 多重ループ**

POINT

- 多重ループの概念を理解する
- while 文と for 文で多重ループを記述してみる
- for 文を使った効率的な多重ループの記述方法を理解する

## 多重ループとは何か

次は**多重ループ**について説明します。多重ループとは、ループの中にループが入った状態のことをいい、例えば while 文や for 文などを**ネスト**にした状態です。

階層が 2 つなら **2 重ループ**、3 つなら **3 重ループ**といいます。

### ◉ while文の多重ループ

次の while 文を使った 2 重ループのサンプルです。入力して実行してみましょう。

**Sample4-15（advloop-sample8.py）**

```
01  i = 0
02  while i < 3:
03      j = 0
04      while j < 3:
05          print("i={} j={}".format(i,j))
06          j = j + 1
07      i = i + 1
```

- 実行結果

```
i=0 j=0
i=0 j=1
i=0 j=2
i=1 j=0
i=1 j=1
i=1 j=2
i=2 j=0
i=2 j=1
i=2 j=2
```

外側のループでは、iを0から1ずつ増やしていき、0、1、2と変化します。内側でもjのループでjが0、1、2と変化していきます。

print関数でiとjの組み合わせが表示されます。ループの中にさらにループが入っており、外側のループと内側のループは指定した回数繰り返します。内側で3回、外側で3回のループが繰り返されるため、3×3＝9回の処理が実行されます。

● 多重ループの処理の流れ

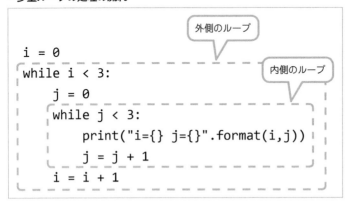

## ● for文の多重ループ

for文でも多重ループを作ることができます。Sample4-15と同じ処理をfor文のループで作ってみましょう。

**Sample4-16（advloop-sample9.py）**
```
01  for i in range(0,3):
02      for j in range(0,3):
03          print("i={} j={}".format(i,j))
```

i、jともにrange(0,3)で0から2まで値を1つずつ変化させています。while文と違い、range関数で記述できるfor文で処理を記述すると、大変すっきりします。

以上で繰り返し処理の説明は終わりです。しかし、for文は次に学習するリストなどと組み合わせることにより、より高度な使い方が可能になります。

例題 4-4 ★ ☆ ☆

while 文による多重ループで九九の表を作りなさい。

 解答例と解説

2つの変数 m、n を用意し、それぞれ 1 ～ 9 の間で変化させ、その組み合わせで掛け算を行い結果を表示するプログラムを作ります。

問題では「while 文で」としてあるので、m、n の初期値をそれぞれ 1 にし、9 以下の間繰り返す m、n の二重ループを作ります。

そのため以下のようなプログラムになります。

**ex4-4.py**
```
01  m = 1
02  while m <= 9:
03      n = 1
04      while n <= 9:
05          print("{}×{}={:2} ".format(m,n,m*n),end="")
06          n = n + 1
07      print()
08      m = m + 1
```

5 行目の print 関数の中で、掛け算 m*n の結果を表示する箇所の指定が {:2} となっています。これは、ここに 2 桁の値を表示することを意味しています。このように、{}の中に記載することで桁などを指定できるものには、次のようなものがあります。

● {}による数値の表示（表2-2）

| 表記方法 | 意味 | 使用例 |
|---|---|---|
| {:n} | n桁の表示 | {:8} |
| {:<n} | n桁の表示（左寄せ） | {:<8} |
| {:>n} | n桁の表示（右寄せ） | {:>8} |
| {:^n} | n桁の表示（中央寄せ） | {:^8} |
| {:.n} | 小数第n位まで表示 | {:.2} |

また、7 行目にある引数なしの print 文「print()」は、単に改行をするために使っています。このプログラムの実行結果は次のようになります。

● 実行結果

```
1×1= 1 1×2= 2 1×3= 3 1×4= 4 1×5= 5 1×6= 6 1×7= 7 1×8= 8 1×9= 9
2×1= 2 2×2= 4 2×3= 6 2×4= 8 2×5=10 2×6=12 2×7=14 2×8=16 2×9=18
3×1= 3 3×2= 6 3×3= 9 3×4=12 3×5=15 3×6=18 3×7=21 3×8=24 3×9=27
4×1= 4 4×2= 8 4×3=12 4×4=16 4×5=20 4×6=24 4×7=28 4×8=32 4×9=36
5×1= 5 5×2=10 5×3=15 5×4=20 5×5=25 5×6=30 5×7=35 5×8=40 5×9=45
6×1= 6 6×2=12 6×3=18 6×4=24 6×5=30 6×6=36 6×7=42 6×8=48 6×9=54
7×1= 7 7×2=14 7×3=21 7×4=28 7×5=35 7×6=42 7×7=49 7×8=56 7×9=63
8×1= 8 8×2=16 8×3=24 8×4=32 8×5=40 8×6=48 8×7=56 8×8=64 8×9=72
9×1= 9 9×2=18 9×3=27 9×4=36 9×5=45 9×6=54 9×7=63 9×8=72 9×9=81
```

 例題 4-5 ★☆☆

for 文による多重ループで九九の表を作りなさい。

## 解答例と解説

基本的な考え方は while と変わりませんが、気を付けなくてはならないのが range 関数の使い方です。range で 1 から 9 まで数値を変換させる場合、range(1,10) とする必要があります。

1 から 9 まで変化させるので、range(1,9) としたいところなのですが、range のルールなので間違わないようにしましょう。

以上を踏まえてプログラムを記述すると次のようになります。

**ex4-5.py**
```
01  for m in range(1,10):
02      for n in range(1,10):
03          print("{}×{}={:2} ".format(m,n,m*n),end="")
04      print()
```

while の場合と違い、m、n の値は range 関数によって変わっていくので「m=m+1」などといった処理を記述する必要はありません。実行結果は例題 4-4 と同じなので省略します。

例題 4-6 ★☆☆

1 から 100 までの間の素数をすべて表示するプログラムを作りなさい。なお、素数とは 1 より大きい整数で、1 と自身の数だけでしか割り切れない数のことです。例えば 5 の約数は 1 と 5 だけなので素数ですが、6 は、1 と 6 のほかに 2、3 という約数を持つので素数ではありません。

## 解答例と解説

while 文ループと for 文ループのいずれでもできますが、ここでは for 文ループを使った解答例を紹介します。

まず、2 から 100 までの数値を変数 m に入れるループを作ります。そして、この m が素数かどうかを調べ、そうであれば表示します。そのためには m が素数かどうかを調べるために、n のループをもう 1 つ作ります。

このループは 1 から m までの数値のループで、その値を n に代入し、m が n で割り切れる、つまり m % n の値が 0 であれば n が m の約数であると判断します。

この方法で約数の数をカウントし、その数が 2、つまり 1 とその数自体しかない場合には素数だと判断します。

以上を踏まえて実際に作ったプログラムが次のプログラムです。

**ex4-6.py**

```
01  # 2から100までの数のループ(1は素数ではないので除外)
02  for m in range(2,101):
03      # mの約数の数
04      count = 0
05      for n in range(1,m+1):
06          # nがmの約数ならば、約数の数のカウントを増やす
07          if m % n == 0:
08              count = count + 1
09      # もしもmの約数の数が2なら、素数なので値を表示する
10      if count == 2:
11          print("{} ".format(m),end="")
```

このプログラムの実行結果は次のようになります。

● **実行結果**

2 3 5 7 11 13 17 19 23 29 31 37 41 43 47 53 59 61 67 71 73 79 83 89 97

# 3 デバッガを活用する

- ▶ デバッガの概念を理解する
- ▶ VSCode のデバッガの使い方を学習する
- ▶ 実際のサンプルでデバッグ作業を行ってみる

## 1-1 VSCode のデバッガを活用する

- デバッガの必要性を理解する
- デバッガの機能を理解する
- デバッガを使ったデバッグを実際に行ってみる

### ● デバッガとは何か

　学習が進むにつれて、プログラムの内容がかなり複雑になってきましたね。プログラムが複雑になると、どうしても間違いが増えてきます。そしてそれを見つけるのはとても大変です。

　そこで、このあたりで**デバッガ（debugger）** について説明しておくことにします。

　そもそもデバッガとは、プログラムのバグを発見・修正するためのツールです。

#### ◉ デバッグビューへの移行

　VSCode にはさまざまなビュー（見た目）が存在します。ビューの切り替えは画面左側のアイコンをクリックすることにより切り替えることができます。

　通常、VSCode のビューはファイルの一覧を表示するエクスプローラーになっています。虫のマークのアイコンをクリックするとデバッグビューに切り替わります。

● デバッグのビューへの切り替え

❶ここをクリック

画面左側のエクスプローラーのビューがデバッグのビューに切り替わります。そこには、以下の4つの項目が存在します。

**(1) 変数**

プログラムの中にある変数の値を確認できます。これにより変数の値が間違っているかどうかを確認できます。

**(2) ウォッチ式**

変数の中で特に注目しているものをピックアップして値を確認することができます。「変数」ではすべての変数が表示されるため、わかりにくい場合にはこちらを利用すると便利です。

また、単に値を表示するだけではなくユーザーが追加した式の評価結果を表示することもできます。

**(3) コールスタック**

現在の実行されている関数などが呼び出されるまでの呼び出し経路が表示されます。どういう呼び出し履歴をたどって、現在のコードが表示されているかを知ることができます。

**(4) ブレークポイント**

ブレークポイントの一覧を表示します。ブレークポイントとは、デバッグのためにプログラムを一時停止させる場所のことです。ユーザーはVSCodeを使って好きな位置にブレークポイントを追加したり削除したりすることができます。

## 実際のサンプルでデバッガの使い方を学ぶ

　ここではわざと誤りのあるプログラムを用意して、実際にデバッガの使い方を学んでいきましょう。サンプルとして、以下のようなプログラムを用意します。

**Sample4-17（debug-sample1.py）**

```
01  # デバッグサンプル
02
03  print("1から50までの偶数・奇数を表示する")
04  print("偶数")
05  for i in range(1,51):
06      n = i % 2
07      if n == 0:
08          print("{} ".format(i),end="")
09  print("\n奇数")
10  for i in range(1,51):
11      n = i % 2
12      if n == 0:
13          print("{} ".format(i),end="")
```

　このプログラムは1から50までの数値の中の偶数、奇数をすべて表示するプログラムのつもりで作ったものです。ところが、実際にプログラムを実行してみると次のような結果になっています。

- **実行結果**

```
1から50までの偶数・奇数を表示する
偶数
2 4 6 8 10 12 14 16 18 20 22 24 26 28 30 32 34 36 38 40 42 44 46 48 50
奇数
2 4 6 8 10 12 14 16 18 20 22 24 26 28 30 32 34 36 38 40 42 44 46 48 50
```

　結果を見ると、奇数と書かれているところにも、偶数が表示されていることがわかります。このプログラムのバグは、ソースコードを見ながら探すことも可能ですが、デバッガを使ったほうが圧倒的に効率的です。

### ◉ ステップ1：ブレークポイントを設定する

　デバッガを使用する前にやっておくべきことは、ブレークポイントの設定です。
　ブレークポイントとはプログラムを一時停止させる点であり、デバッグ中にその点

でプログラムを一時停止させることができます。

ブレークポイントを設定するには、ブレークポイントを置く行の行番号の左側をクリックします。今回は3行目と9行目に置くことにするので、これらの行番号の左をクリックします。

● **ブレークポイントの設定**

❶3行目と9行目の左をクリック

その結果、3行目と9行目の前に赤い丸が現れます。これがブレークポイントです。

● **設定されたブレークポイント**

画面左下を見ると、「ブレークポイント」の欄に設置されているブレークポイント一覧が表示されています。

● ブレークポイント一覧

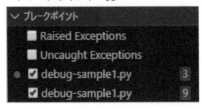

設置したブレークポイントのリスト

　設置されたブレークポイントは「ファイル名＋行番号」という形で表示されています。例えば、「debug-sample1.py　3」となっているのは、debug-samplep1.py というファイルの3行目に設置されていることを意味します。

　通常、大きなプログラムは複数のスクリプトファイルに分けて記述されるため、このようにファイル名と場所が記録されているのは大変便利です。

## ◎ ステップ2：デバッグを開始する

　デバッグを実施する際の実行方法は、従来とは異なります。開始するには、メニューから［デバッグ］-［デバッグの開始］をクリックします。

● デバッグの開始

❶［デバッグ］-［デバッグの開始］をクリック

　すると、ソースコードの欄に黄色い矢印が現れ、最初のブレークポイントに乗っていることがわかります。その行全体も黄色く強調されています。

- ブレークポイントでのプログラムの一時停止

```
🐍 debug-sample1.py ×
Python > 🐍 debug-sample1.py > ...
    1    # デバッグサンプル
    2
  ▷ 3    print("1から50までの偶数・奇数を表示する")
    4    print("偶数")
    5    for i in range(1,51):
    6        n = i % 2
    7        if n == 0:
    8            print("{} ".format(i),end="")
  ● 9    print("\n奇数")
   10    for i in range(1,51):
   11        n = i % 2
   12        if n == 0:
   13            print("{} ".format(i),end="")
   14
```

この状態は、矢印の行でプログラムが一時停止されていることを意味します。

### ◎ ステップ3：ステップ実行を行う

デバッグを開始すると、画面中央上に次のような複数のボタンが現れます。これらのボタンは、デバッグに関する操作を行うためのもので、デバッグ時のみに利用可能になります。

- デバッグの開始

ここには6つのボタンがあり、以下のように機能します。

- デバッグに関する操作

| ボタン | 名前 | 詳細 | ショートカットキー |
|---|---|---|---|
| ▷ | 続行 | デバッグの処理を進める | F5 |
| ↻ | ステップオーバー | 次の行に移動 | F10 |
| ↓ | ステップイン | 関数の中の処理に移動 | F11 |
| ↑ | ステップアウト | 関数の中から出る | Shift + F11 |
| ↺ | 再起動 | プログラムの再起動 | Ctrl + Shift + F5 |
| □ | 停止 | デバッグの停止 | Shift + F5 |

**ステップイン**および**ステップアウト**については関数と関連があるので、ここではそれ以外の処理の場合について説明します。

　ステップ実行を使ってプログラムを1行ずつ実行してみます。

　最初、矢印は3行目で止まっていますが、ステップオーバーのボタンを押すと、黄色い矢印が次の行に進みます。この際、画面下部分に「1から50までの偶数・奇数を表示する」と表示されます。

　これは、3行目の処理が実行されたためです。このようにステップオーバーをすると、処理を1行ずつ実行していきます。

● **ステップオーバーの実行**

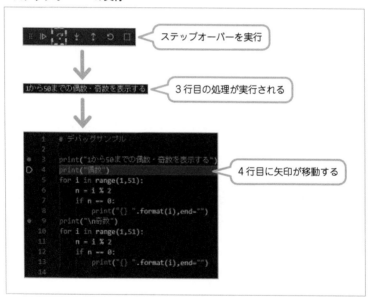

## ◉ ステップ4：変数の内容を確認する

7行目まで進むと、変数の欄に使われている変数 i、n とその値が表示されます。

● 変数の内容の確認

iは5行目で定義された for 文で使われているものであり、nはiを2で割った余りです。値を見る限り、この処理が想定どおりに実行されていることがわかります。

このように、プログラムのどの位置で変数の値がどうなっているかをチェックすることが大事です。

## ◉ ステップ5：次のブレークポイントまでジャンプする

ステップオーバーを繰り返すと矢印は5行目～8行目の間を行き来します。実行結果を見る限り、どうやらこの箇所をこれ以上確認する必要はなさそうです。

● 5行目～8行目の繰り返し

```
デバッグ ▷ Python: C ▾ ⚙ ⊡        ◆ debug-sample1.py ×

∨ 変数                              Python 〉◆ debug-sample1.py 〉…
∨ Locals                            1   # デバッグサンプル
   i: 10                            2
   n: 0                        ● 3   print("1から50までの偶数・奇数を表示する")
 > __builtins__: {'Arithmeti_       4   print("偶数")
   __cached__: None                 5   for i in range(1,51):
   __doc__: None            ▷ 6       n = i % 2
   __file__: 'c:\\Users\\shi_        7       if n == 0:
   __loader__: None                 8           print("{} ".format(i),end="")
   __name__: '__main__'        ● 9   print("\n奇数")
   __package__: ''                  10  for i in range(1,51):
   __spec__: None                   11      n = i % 2
                                    12      if n == 0:
                                    13          print("{} ".format(i),end="")
                                    14
```

しかし、この箇所の動作が終わるにはしばらく同じことをする必要があります。そんなときは続行ボタン（▷）をクリックします。

● 次のブレークポイントへの移動

すると、次のブレークポイントまで矢印がジャンプします。

## ◉ ステップ6：ウォッチ式を利用する

次はいよいよバグの存在する箇所である 9 ～ 13 行目の処理のチェックです。この
ようなときに役立つのがウォッチ式を利用してさまざまな評価式を使う方法です。

● ウォッチ式を利用

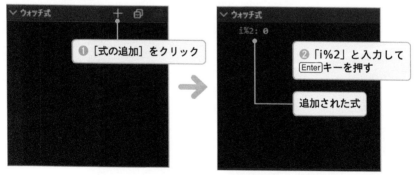

ウォッチ式の中にある［＋］ボタン（［式の追加］ボタン）をクリックし、評価式
を入力します。ここで「i%2」という値を入力し Enter キーを押してみます。そのと
きの値によって i%2 の計算結果が表示されます。ここにさらに i を追加します。

● バグの原因を追い詰める

　見ると奇数のときに i%2 は 1 であることがわかります。この値は偶数・奇数の判定に使われるので、どうやらこれが原因であることがわかります。

### ◉ ステップ7：デバッグを終了する

　バグの原因が明らかになったら、停止ボタン（■）を押してデバッグを終了します。そして、バグと思われる箇所を修正し、再びステップ1に戻ってチェックを行います。これを繰り返してバグを修正していきます。

## ● バグ修正後のプログラム

　なお、このプログラムのバグを修正したものは次のようになります。

**Sample4-18（debug-sample2.py）**

```
01  # デバッグサンプル
02
03  print("1から50までの偶数・奇数を表示する")
04  print("偶数")
05  for i in range(1,51):
06      n = i % 2
07      if n == 0:
08          print("{} ".format(i),end="")
09  print("\n奇数")
10  for i in range(1,51):
11      n = i % 2
12      if n == 1:
13          print("{} ".format(i),end="")
```

4日目
繰り返し処理

バグの原因は、12行目の条件式が「n==0」となっていたことでした。これを「n==1」とすることで正しく動作するようになります。

● 実行結果

1から50までの偶数・奇数を表示する
偶数
2 4 6 8 10 12 14 16 18 20 22 24 26 28 30 32 34 36 38 40 42 44 46 48 50
奇数
1 3 5 7 9 11 13 15 17 19 21 23 25 27 29 31 33 35 37 39 41 43 45 47 49

該当箇所を修正し、正しい実行結果が得られました。

## デバッグの後始末

無事にバグがなくなったことがわかったら、デバッグの後始末をしましょう。設置したブレークポイントを消去します。

ブレークポイントの赤い丸をクリックすると1個ずつ消去できます。複数あるブレークポイントをすべて消す場合には、メニューの［デバッグ］-［すべてのブレークポイントの削除］をクリックします。

● ブレークポイントの消去

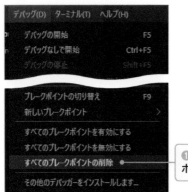

❶ ［デバッグ］-［すべてのブレークポイントの削除］をクリック

最後に、ビューをデバッグからエクスプローラーに変更します。画面左側のエクスプローラーボタン（⬚）をクリックすると、エクスプローラーのビューに戻ります。これでデバッグの一連の作業が完了です。

4日目
繰り返し処理

# 4 練習問題

▶ 正解は 310 ページ

## 問題 4-1 ★☆☆

「Hello と入力：」と表示し、そこにキーボードから文字列を入力させ、このとき Hello と入力されて Enter キーを押した場合には、「Hello と入力されました」と表示しプログラムを終了させなさい。

また入力された値がそれ以外だった場合には、再度「Hello と入力してください」と表示し、Hello と入力されるまで何度も同じ処理を繰り返すようにしなさい。

● 想定される実行結果

```
Helloと入力: abc          キーボードから Hello 以外の文字列を入力
Helloと入力してください
Helloと入力: def          キーボードから Hello 以外の文字列を入力
Helloと入力してください
Helloと入力: Hello        キーボードから Hello と入力
Helloと入力されました
```

## 問題 4-2 ★★☆

キーボードから 2 つの整数の値を入力させ、while 文を使って、入力した 2 つの数字の小さい値から大きい値まで 1 つずつ値を変化させて表示していくプログラムを作りなさい。このとき入力した 1 つ目の値よりも 2 つ目の値のほうが大きい場合には 1 ずつ値を増やし、逆の場合は 1 ずつ減らすようにしなさい。また、2 つの数値が同じ値の場合には「異なる値を入力してください」と表示しプログラムを終了しなさい。

● **想定される実行結果①（1つ目の値のほうが小さい場合）**

1つ目の値：-3 ←───── キーボードから入力
2つ目の値：2 ←───── キーボードから入力
-3 -2 -1 0 1 2

● **想定される実行結果②（1つ目の値のほうが大きい場合）**

1つ目の値：2 ←───── キーボードから入力
2つ目の値：-3 ←───── キーボードから入力
2 1 0 -1 -2 -3

● **想定される実行結果③（同じ値が入力された場合）**

1つ目の値：2 ←───── キーボードから入力
2つ目の値：2 ←───── キーボードから入力
異なる値を入力してください

 問題 4-3 ★☆☆

問題 4-2 と同じ処理をするプログラムを for 文を使って記述しなさい。

 問題 4-4 ★★☆

1 から 100 までの素数を表示しなさい。なお、素数とは自然数のうち、その数自身と 1 以外に約数を持たないものをいう。

● **期待される実行結果**

2 3 5 7 11 13 17 19 23 29 31 37 41 43 47 53 59 61 67 71 73 79 83 89 97

# 5日目

# コンテナ

**コンテナ**

📄
- ▶ コンテナの概念と必要性につい学習する
- ▶ リスト、タプル、辞書、集合の使用法を学ぶ
- ▶ 各種データにアクセスする方法について学ぶ

## 1-1 コンテナとは何か

- 大量のデータを扱う方法について学習する
- コンテナの種類について理解する
- オブジェクトの概念について学ぶ

### ● 大量のデータを扱うコンテナ

　私たちが日常的に使うスマートフォンアプリや、Web アプリなどは、大量のデータを扱います。例えば SNS には大量のユーザーが登録されていますし、Web では検索結果などの一覧が大量に表示されます。こうした大量のデータを扱うために必要になるものが**コンテナ**です。コンテナとは、箱・容器などの意味を持つ単語で、プログラミングの分野では、何らかの入れ物のような働きをする仕組みを総称してコンテナと呼びます。

　Python で使われる基本的なコンテナには、以下のものがあります。

- **リスト（list）** ……… 大量のデータに番号を付けて管理。追加・削除も可能
- **タプル（tuple）** …… 大量のデータを番号で管理。追加・削除はできない
- **辞書（dict）** ………… キー（key）と値（value）の組み合わせでデータを管理
- **集合（set）** ………… データの重複を許さないデータ構造

# 1-2 リスト

POINT

- リストの概念と使い方を学ぶ
- リストを使ったデータの扱い方を身に付ける
- リストに対するさまざまな操作を学ぶ

## ● リストとは何か

複数のデータを同時に扱えるコンテナを**リスト（list）**といいます。リストは**添え字（インデックス）**と呼ばれる番号でデータを管理し、データの追加・削減が容易にできます。データ構造の中では最も使用頻度の高いものです。リストは次のように[ ]の中に複数の値を格納でき、各値は「,」で区切ります。

● リストの定義の書式

[値1,値2,値3,…]

実際に簡単なリストを作ってみましょう。次のサンプルを実行してみてください。

**Sample5-1（list-sample1.py）**

```
01 # リストを宣言する
02 n = [5 , 2 , -3 , 1]
03 # リストの値を表示する
04 print("n[0]={}".format(n[0]))
05 print("n[1]={}".format(n[1]))
06 print("n[2]={}".format(n[2]))
07 print("n[3]={}".format(n[3]))
08 # リスト全体を表示する
09 print(n)
10 # 値の一部を変更する
11 n[1] = 6
12 # 再びリスト全体を表示する
13 print(n)
```

● 実行結果

```
n[0]=5
n[1]=2
n[2]=-3
n[3]=1
[5, 2, -3, 1]
[5, 6, -3, 1]
```

## ◉ リストの宣言

このプログラムでリストを宣言しているのが、プログラムの2行目です。

● リストの宣言

```
02 n = [5 , 2 , -3 , 1]
```

作成したリストは、変数 n に代入されます。これにより、n は4つの要素を持ったリストになります。各要素には0から始まる番号が付けられ、次の図のように n[0]、n[1]、n[2]、n[3] という変数として格納されます。

● リストのイメージ

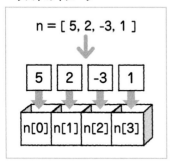

n[0] には5、n[1] には2、n[2] には-3、n[3] には1という値が入っています。これらをそれぞれ独自の整数の変数として扱うことができます。

もしも今まで学習していた変数だけで同様の処理を行わなければならない場合、a、b、c、d と4つの変数が必要になります。

しかし、リストを使えば、変数の名前は1つで、[] の中の数字を変えるだけで、別々の変数を用意することができるようになります。この番号は**添え字（そえじ）**、もしくは**インデックス**と呼ばれています。

### ◉ リスト全体の値を表示

リストは print 関数で直接値を表示できます。

● リストの表示
`09` print(n)

これにより、[5 , 2 , -3 , 1] が表示されます。実際にリストを扱う場合には、リストの個別の要素へのアクセスが必要となります。

### ◉ 値の代入

リストの中にある個別の値を変更するにはどうすればよいのでしょうか。これは、通常の変数の場合とまったく同じです。例えば2番目の要素の値を6に変える場合は、以下のようになります。

● リストの要素を書き替える
`11` n[1] = 6

添え字の番号は 0 から始まるので、2 番目の値は n[1] となります。例えば、この値を6に変えたい場合は「n[1]=6」とします。

● リストのイメージ

```
n[1] = 6              n = [ 5, 6, -3, 1 ]

 6                   5   6   -3   1

n[1]              n[0] n[1] n[2] n[3]
```

これにより、リストの中身は [5 , 6 , -3 , 1] に変わります。

## ● ループとリスト

リストでは大量のデータを扱います。その際に個々の要素1つ1つにアクセスしていくのは大変です。そのときに便利なのがループを利用することです。while 文ループのケースと for 文ループのケースを紹介します。

177

## ◎ while文ループの場合

まずは、while 文ループを利用するケースを紹介します。次のサンプルを入力・実行してみてください。

**Sample5-2（list-sample2.py）**
```
01  # リストを宣言する
02  n = [5 , 2 , -3 , 1]
03
04  # リストの値を表示する
05  i = 0
06  while i < len(n):
07      print("n[{}]={} ".format(i,n[i]),end="")
08      i = i + 1
```

● 実行結果
```
n[0]=5 n[1]=2 n[2]=-3 n[3]=1
```

while 文ループによって変数 i の値が 0、1、2、3 と変化していくことにより、n[i] は n[0]、n[1]、n[2]、n[3] に変わります。このようにリストは、添え字を変数にし、その値をループで変えることによって、大量のデータへのアクセスを容易にしてくれるのです。

● リストの添え字を変数にするメリット

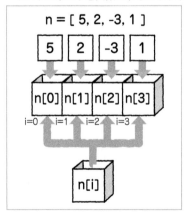

ただ、この方法を使うためには、リストの長さを知る必要があります。このプログラムは明らかに要素が 4 つしかないことがわかっていますが、プログラムによっては、それがわからないケースもあるかもしれません。

そんなときに役に立つのが <u>len 関数</u>です。len 関数を使えば、リストなどのコンテナの要素数（長さ）を取得できます。

● **len関数の書式**
len(コンテナ)

6 行目で、n のリストの長さが 4 なので、len 関数の戻り値として 4 が得られます。この関数を使えば、リストの要素が何個であっても、プログラムを変えずに while 文ループでリストの要素全体にアクセスできます。

## ◉ for文ループの場合
次に for 文ループを使った例を紹介してみましょう。

**Sample5-3（list-sample3.py）**
```
01 # リストを宣言する
02 n = [5 , 2 , -3 , 1]
03
04 # リストの値を表示する
05 for value in n:
06     print("{} ".format(value),end="")
```

● **実行結果**
```
5 2 -3 1
```

このサンプルのように for 文では、in の後にはリストを書くことができます。これで中の値を 1 つずつ先頭から最後まで取り出すことができます。

● **for**とリストの関係

| for value in n | n = [ 5, 2, -3, 1 ] | | | |
|---|---|---|---|---|
| 1 回目 : value = 5 | 5 | 2 | -3 | 1 |
| 2 回目 : value = 2 | 5 | 2 | -3 | 1 |
| 3 回目 : value = -3 | 5 | 2 | -3 | 1 |
| 4 回目 : value = 1 | 5 | 2 | -3 | 1 |

最初に変数 value に n[0] の値である 5 が入り、次は n[1]、そして最後に n[3] の値である 1 が入って、ループが終了します。

while 文と for 文でリストにアクセスする方法を紹介しましたが、これら 2 つを見比べてみると for 文を使ったプログラムのほうが断然シンプルです。そのため、一般にリストのアクセスには for 文を使います。

## ● データの追加と削除

リストは、自由にデータを追加したり、削除したりすることができます。ここでは、そのような操作（メソッド）について説明します。

### ◉ データの追加（append）

リストには append メソッドがあり、データを末尾に追加することが可能です。

● **append によるデータの追加**

リスト.append(追加するデータ)

実際のサンプルは次のようになります。

**Sample5-4（list-sample4.py）**

```
01  # リストを宣言する
02  n = [ 5 , 2 , -3 , 1 ]
03  # データを追加する
04  n.append(7)
05  # 内容を表示する
06  print(n)
```

● **実行結果**

```
[5, 2, -3, 1, 7]
```

実行結果からわかるとおり、末尾に 7 が追加されました。

● **append の処理**

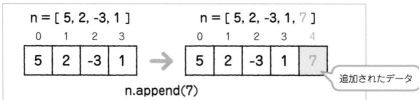

追加されたデータ

n.append(7)

## ◉ データの挿入（insert）

insert メソッドを使えば、データをリストの中の指定した位置（インデックス）に挿入することも可能です。

● **insertによるデータの挿入**
リスト.insert(インデックス,挿入するデータ)

実際のサンプルは次のようになります。

**Sample5-5（list-sample5.py）**
```
01  # リストを宣言する
02  n = [5 , 2 , -3 , 1]
03  # データを2番目に4挿入する
04  n.insert(2,4)
05  # 内容を表示する
06  print(n)
```

● **実行結果**
```
[5, 2, 4, -3, 1]
```

[5, 2, -3, 1]の2番目の位置に4という値を挿入しています。これによりデータは、[5, 2, 4, -3, 1]となります。

● **insertの処理**

n = [ 5, 2, -3, 1 ]　　　n = [ 5, 2, 4, -3, 1 ]

n.insert(2,4)　　挿入されたデータ

## ◉ データの削除（remove）

remove メソッドを使えば、リストの中の指定したデータを削除できます。

● **removeによるデータの挿入**
リスト.remove(削除するデータ)

実際のサンプルは次のようになります。

**Sample5-6（list-sample6.py）**
```
01  # リストを宣言する
02  n = [ 5 , 2 , -3 , 1]
03  # 「-3」をデータから削除する
04  n.remove(-3)
05  # 内容を表示する
06  print(n)
```

● 実行結果
```
[5, 2, 1]
```

[5, 2, -3, 1]にある -3 という値を削除しています。これによりデータは、[5, 2, 1]
となります。

● removeの処理

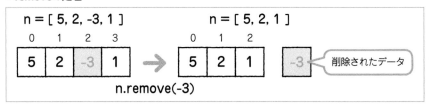

指定したデータと同じ内容のデータが複数あった場合、添え字の小さいものが優先
して削除されます。

## ◎ 全データのクリア（clear）
clear メソッドを使えば、リストの中のデータをすべて削除できます。

● clearによるデータクリア
```
リスト.clear()
```

**Sample5-7（list-sample7.py）**
```
01  # リストを宣言する
02  n = [ 5 , 2 , -3 , 1 , -3 , 2]
03  # データからクリアする
04  n.clear()
05  # 内容を表示する
06  print(n)
```

● 実行結果

```
[]
```

中身が何も入っていないリストとして [] だけが表示されます。

## リストの主要なメソッド

リストのメソッドはこのほかにも多数存在します。以下に主要なものを紹介します。

● **list**の主要メソッド

| メソッド | 詳細 |
| --- | --- |
| count(x) | xと一致する要素の数を取得する |
| extend(x) | リストの末尾にリストxを追加する |
| index(x, start, end) | startからendの間の範囲でxに一致する要素のインデックスを取得する |
| pop(i) | 指定したインデックスiの要素を削除して、要素を返す |
| reverse() | リストの並び順を反転させる |
| sort() | リストを並べ替える |

## さまざまなタイプのデータを扱う

　ここまでリストに入れていたのは整数だけでしたが、整数以外にも実数、文字列、ブール値などさまざまなデータを入れることができます。また、すべて数値だけ、文字列だけといったデータばかりではなく、さまざまな種類のデータが混在していてもかまいません。

**Sample5-8（list-sample8.py）**

```
01  # 文字列のリスト
02  list1 = ["山田","佐藤","鈴木","小林","太田"]
03  for e in list1:
04      print(e,end=" ")
05  print()
06  # 実数のリスト
07  list2 = [1.23, 4.2, -0.1, 0.8,-4.23]
08  for e in list2:
09      print(e,end=" ")
10  print()
```

```
11  # ブール値のリスト
12  list3 = [True, False, False]
13  for e in list3:
14      print(e,end=" ")
15  print()
16  # さまざまなデータが混在したリスト
17  list4 = [1.23, 1, "Japan", True]
18  for e in list4:
19      print(e,end=" ")
20  print()
```

● **実行結果**

```
01  山田 佐藤 鈴木 小林 太田
02  1.23 4.2 -0.1 0.8 -4.23
03  True False False
04  1.23 1 Japan True
```

## リストと演算子

　リストは、加算演算子(+)と乗算演算子(*)による演算が可能です。加算演算子では、複数のリストを結合して 1 つのリストを作ることができます。

● **リストの加算の例**

```
[ "a", "b", "c" ] + [ "d" , "e" ]
```
◀── 結果は [ "a", "b", "c" , "d", "e" ]

　また、乗算演算子で正の整数を掛けると、その数だけ同一のリストが結合されたリストが生成されます。

● **リストの乗算の例**

```
2 * [ "a", "b", "c" ]
```
◀── 結果は [ "a", "b", "c", "a", "b", "c" ]

　実際にサンプルで体験してみましょう。

**Sample5-9（list-sample9.py）**

```
01  # リストの結合
02  list1 = [ 1 , 2 , 3 , 4 ]
03  list2 = [ 5, 6, 7 ]
```

```
04
05  # リストの結合
06  print(list1+list2)
07  # リストの繰り返し
08  print(2*list2)
```

● **実行結果**

```
[1, 2, 3, 4, 5, 6, 7]
[5, 6, 7, 5, 6, 7]
```

　list1 は [ 1 , 2 , 3 , 4 ]、list2 は [ 5, 6, 7 ] なので、list1+list2 によって list1 の末尾に list2 が結合され、[1, 2, 3, 4, 5, 6, 7] が得られます。

　また、[ 5, 6, 7 ] に 2 を掛けると、同じものを繰り返した [5, 6, 7, 5, 6, 7] が得られます。なお、Python のプログラミングをマスターするためには、リストに対する高度な処理を身に付けることが必須です。ここで紹介した演算や、7 日目で紹介するスライスなどをしっかりと使いこなせるようにしましょう。

## 例題 5-1 ★ ☆ ☆

実行例のように、キーボードから文字列を入力させてそれをリストに記憶し、何も入力せずに Enter キーが押された場合、それまでに入力した文字列をすべて表示するプログラムを作りなさい。

● 実行例

```
文字列を入力:Hello      ◀━━━━━ 任意の文字列を入力して Enter キーを押す
文字列を入力:Python      ◀━━━━━ 任意の文字列を入力して Enter キーを押す
文字列を入力:Programming ◀━━━━━ 任意の文字列を入力して Enter キーを押す
文字列を入力:            ◀━━━━━ 何も入力せず Enter キーを押す
Hello Python Programming
```

## 解答例と解説

while 文で無限ループを作り、キーボードから入力された文字列をリストに追加していきます。入力された文字列が空文字（""）であった場合、つまり Enter キーだけが押されたらループから抜け出し、最後に for 文のループを使ってリストの中身を表示します。

● 解答例（ex5-1.py）

```
01  # 数値を入れるリストを用意する
02  strs = []
03
04  while True:
05      s = input("文字列を入力:")
06      if s == "" :
07          # 文字列が入力されていなければループから抜ける
08          break
09      else:
10          # 入力された文字列をリストに加える
11          strs.append(s)
12
13  # リストの文字列の中身をすべて表示する
14  for s in strs:
15      print("{} ".format(s),end="")
16  print()
```

**例題 5-2** ★☆☆

　キーボードから複数の数値を入力させ、それらの数の合計、平均、最大値、最小値を求めて表示させなさい。数値はいくら入力してもよく、数値を入力せずに [Enter] キーが押された場合に、計算を行うようにすること。

**● 実行例**

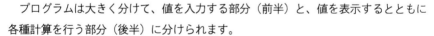

```
数値を入力:1.2          数値を入力して [Enter] キーを押す
数値を入力:3.1          数値を入力して [Enter] キーを押す
数値を入力:-1.5         数値を入力して [Enter] キーを押す
数値を入力:4.7          数値を入力して [Enter] キーを押す
数値を入力:5.0          数値を入力して [Enter] キーを押す
数値を入力:             [Enter] キーを押す
1.2 3.1 -1.5 4.7 5.0
合計:12.5 平均:2.5 最大値:5.0 最小値-1.5
```

**解答例と解説**

　プログラムは大きく分けて、値を入力する部分（前半）と、値を表示するとともに各種計算を行う部分（後半）に分けられます。

　前半の数値を入力させる部分に関しては例題 5-1 とほぼ同じです。違いは、11 行目で float 関数を使って文字列を数値にする部分です。

**● 解答例（ex5-2.py）**

```
01  # 数値を入れるリストを用意する
02  nums = []
03
04  while True:
05      s = input("数値を入力:")
06      if s == "" :
07          # 文字列が入力されていなければループから抜ける
08          break
09      else:
10          # 入力された文字列を数値に変換しリストに加える
11          n = float(s)
12          nums.append(n)
13
```

```
14  length = len(nums)
15  if length > 0:
16      # 仮の最大値・最小値を設定
17      min = nums[0]
18      max = nums[0]
19      # 合計を0に設定
20      sum = 0.0
21      # リストの数値の中身をすべて表示しながら計算を行う
22      for n in nums:
23          print("{} ".format(n),end="")
24          # 仮の最大値よりもnが大きければ最大値を更新
25          if max < n:
26              max = n
27          # 仮の最小値よりもnが小さければ最小値を更新
28          if min > n:
29              min = n
30          sum += n
31      # 平均値を計算
32      avg = sum / length
33      print()
34      print("合計:{} 平均:{} 最大値:{} 最小値:{}".
35  format(sum,avg,max,min))
```

　後半の表示部分で、合計値の計算と値の表示を同時に行っています。合計値（sum）は、リスト内のすべての値を合計したものであり、平均値（avg）は、それをリストの長さ（length）で割ったものです。

　最大値、最小値は、最初に暫定的に最初の値（nums[0]）を仮の最大値（max）、最小値（min）とします。そして、nums[1]、nums[2] と値を比較していき、暫定的な最大値よりも大きい値があれば、その値を max に代入します。最小値も同様に、より小さい値があれば min に代入します。

　これを繰り返すことにより、ループが終端に達した段階で max には全体の最大値、min には全体の最小値が残ります。

● 最大値・最小値の更新の仕組み

　なお、Python はもともと組み込み関数として最大値を求める max 関数と最小値を求める min 関数が存在しますが、ここではあえてその方法を使わずに問題を解きました。もともと関数が存在するために、このような処理をわざわざ自分で記述することはまずありませんが、プログラミングの練習において、このような問題にチャレンジすることは、実力を付ける効果があります。

# 1-3 タプル（tuple）

POINT

- タプルの概念と使い方を学ぶ
- タプルを使ったデータの扱い方を身に付ける
- リストとの共通点と違いを理解する

## タプルとは何か

**タプル（tuple）** はリストに似ていますが、要素の値を変更できません。リストに比べて処理速度は速く、メモリも消費しないのが特徴です。

大量のデータを扱う場合、必ずしも値の変更や追加・削除を行うとは限りません。例えば日本の都道府県の一覧のように、変更しなくてもよいデータもあります。このようなデータはタプルを使ったほうが便利です。

## タプルの書式

リストが値を [] で囲ったのに対し、タプルは () で囲みます。そのため、定義は次のとおりになります。

- **タプルの書式①**
  (値1, 値2, 値3, …)

実際にタプルを定義すると次のようになります。

- **タプルの定義例**
```
t1 = (1, 2, 3)
t2 = ("ABC","DEF")
```

なお、() 自体を省略することもできます。

- **タプルの書式①**
  値1, 値2, 値3, …

()を省略したタプルの例は次のようになります。

- **タプルの定義例**

```
t1 = 1, 2, 3
t2 = "ABC","DEF"
```

タプルは情報の読み出しに関してはリストと同じ操作が可能です。for文ですべての要素にアクセスしたり、[]で添え字を指定したりして要素を取り出すことも可能です。

**Sample5-10（tuple-sample1.py）**

```
01  #タプルの定義①  …  ()あり
02  t1 = (1, 2, 3, 4, 5)
03  #タプルの定義②  …  ()なし
04  t2 = 6, 7, 8
05
06  #タプルの表示
07  for n in t1:
08      print(n,end=" ")
09  print()
10
11  #タプルの表示
12  for n in t2:
13      print(n,end=" ")
14  print()
15
16  #個別の要素の表示
17  print(t1[0])
18  print(t2[0])
```

- **実行結果**

```
1 2 3 4 5
6 7 8
1
6
```

## ● タプル、リストの相互変換

リストと違って、タプルは値の変更や追加・削除ができません。ただ、リストとタプルを相互に変換することは可能なので、どうしてもデータの追加・削減が必要な場合は、いったんリストに変換することにより実現できます。

◎ **タプルからリストへの変換**

　まずは、タプルからリストへの変換を行う方法を紹介します。タプルからリストへ変換するには次のように書きます。

● タプルからリストへの変換
```
リスト = list(タプル)
```

　実際にタプルからリストへの変換を行うサンプルを紹介します。

**Sample5-11（tuple-sample2.py）**
```
01  # タプル
02  frt = ('apple', 'orange', 'pineapple')
03  # タプルをリストに変換
04  lst = list(frt)
05  # リストに追加
06  lst.append('banana')
07
08  print(lst)
```

● 実行結果
```
['apple', 'orange', 'pineapple', 'banana']
```

　実行結果からわかるとおり、4行目でタプル frt がリスト lst に変換されます。タプルには値を追加することができませんが、リストに変換することで値が追加できるようになります。

◎ **リストからタプルへの変換**

　次に、リストからタプルへの変換の方法を紹介します。リストからタプルへの変換するには次のように書きます。

● タプルからリストへの変換
```
タプル = tuple(リスト)
```

　これも実際にサンプルを見てみることにしましょう。

**Sample5-12（tuple-sample3.py）**

```
01  # リスト
02  frt = ['apple', 'orange', 'pineapple']
03  # タプルをリストに変換
04  tpl = tuple(frt)
05
06  print(tpl)
```

● **実行結果**

```
('apple', 'orange', 'pineapple')
```

このように、状況に応じてタプルとリストを相互に変換することにより、それぞれの長所を活用することが可能です。特に値の変更を伴わないような使い方をする場合には、タプルに変換したほうがプログラムの処理スピードなどの面で有利です。

# 2 辞書と集合

> ❶ リストやタプル以外のコンテナについて学習する
> ❶ 辞書の概念と使い方を学ぶ
> ❶ 集合の概念と使い方を学ぶ

## 2-1 辞書（dict）

- 辞書の概念と使い方を学ぶ
- 辞書を使ったデータの扱い方を身に付ける
- 辞書に対するさまざまな操作を学ぶ

### ● 辞書の書式

**辞書（dict）** とは、データを**キー（key）** と**値（value）** の組み合わせで管理する方法です。辞書のようにキーをもとに検索して値を取得します。辞書の書式は次のようになります。

● 辞書の書式

```
{ キー1:値1 , キー2:値2 , …}
```

キーと値の間を「:」で結んだデータのひと塊が要素となり、間を「,」で区切って記述していきます。

● 辞書の実装例

```
d = { "yellow" : "黄色" , "red" : "赤" , "blue" : "青" }
```

値は、以下のようになります。

```
d["yellow" ] … "黄色"
d["red" ] … "赤"
d["blue" ] … "青"
```

● **辞書のイメージ**

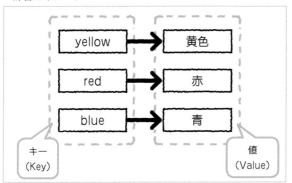

辞書内のすべての内容と、キーから指定した各データを表示させるサンプルは次のとおりです。

**Sample5-13（dict-sample1.py）**
```
01 #  辞書の値を設定
02 d = { "yellow" : "黄色" , "red" : "赤" , "blue" : "青" }
03
04 #  辞書そのものを表示
05 print(d)
06
07 # 値を表示
08 print(d["yellow"])
09 print(d["red"])
10 print(d["blue"])
```

● **実行結果**
```
{'yellow': '黄色', 'red': '赤', 'blue': '青'}
黄色
赤
青
```

リストの添え字に当たるものが、自由に設定できます。キー、値ともに任意のタイプのデータを定義できます。数値・文字列、その他のデータでもかまいません。

## ● ループと辞書

リストの場合と同様に、for文ループで全要素にアクセスできます。複数の方法があるのでそれらを紹介します。

### ◎ キーを取得するループ
まずはfor文ループでキーを取得する例を紹介します。

**Sample5-14（dict-sample2.py）**
```
01  # 辞書の値を設定
02  d = { "yellow" : "黄色" , "red" : "赤" , "blue" : "青" }
03
04  # 通常のfor文ループ（キーのみが取得される）
05  for k in d:
06      print(k)
```

● 実行結果
```
yellow
red
blue
```

実行結果からわかるとおり、通常のfor文ループを辞書に適用すると、キーが取得されます。次のサンプルのように、辞書の変数の後に keys メソッドを付けても同様な結果を得られます。

**Sample5-15（dict-sample3.py）**
```
01  # 辞書の値を設定
02  d = { "yellow" : "黄色" , "red" : "赤" , "blue" : "青" }
03
04  # keysを使ったfor文ループ（キーのみが取得される）
05  for k in d.keys():
06      print(k)
```

### ◎ 値を取得するループ
続いて値を取得するfor文ループを使用する例を紹介します。キーの場合と同様に、dの後に values メソッドを付けることにより、値を取得できます。

**Sample5-16（dict-sample4.py）**

```
01  #  辞書の値を設定
02  d = { "yellow" : "黄色" , "red" : "赤" , "blue" : "青" }
03
04  #  valuesを使ったfor文ループ（キーと値が取得される）
05  for k in d.values():
06      print(k)
```

● 実行結果
```
黄色
赤
青
```

実行結果からわかるとおり、今度は値のみが表示されていることがわかります。

### ◉ キー・値ともに取得するケース

　場合によっては、キーと値の両方を取得しなくてはならないケースが存在します。そのような場合には、items メソッドを利用します。その際、キーと値を入れる両方の変数を用意し、間を「,」で区切ります。

**Sample5-17（dict-sample5.py）**

```
01  #  辞書の値を設定
02  d = { "yellow" : "黄色" , "red" : "赤" , "blue" : "青" }
03
04  #  key, valuesを使ったforループ（キーと値が取得される）
05  for k,v in d.items():
06      print("key = {} value = {}".format(k,v))
```

● 実行結果
```
key = yellow value = 黄色
key = red value = 赤
key = blue value = 青
```

## ● 辞書のデータの操作

　次に、辞書のデータを変更・削除・追加する方法について説明します。

## ◉ 要素の追加・変更

値の変更、および追加には次の用法を行います。

● **辞書への値の変更・追加の書式**
```
01 辞書の変数[キー] = 値
```

　キーがすでに存在するものであればその値が更新され、ないものであれば追加されます。

**Sample5-18（dict-sample6.py）**
```
01 # 辞書の値を設定
02 d = { "yellow" : "黄色" , "red" : "赤" , "blue" : "青" }
03 print(d)
04
05 # 値の変更
06 d["yellow"] = "きいろ"
07 print(d)
08
09 # 値の追加
10 d["green"] = "緑"
11 print(d)
```

　6行目でキー "yellow" の値が「黄色」から「きいろ」に変わります。

```
d["yellow"] = "きいろ"
```

　また、10行目で新たなキー "green" が追加され、値が「緑」になります。

```
d["green"] = "緑"
```

　実行結果は次のようになります。

● **実行結果**
```
{'yellow': '黄色', 'red': '赤', 'blue': '青'}
{'yellow': 'きいろ', 'red': '赤', 'blue': '青'}
{'yellow': 'きいろ', 'red': '赤', 'blue': '青', 'green': '緑'}
```

### ◉ 要素の削除

続いて、要素の削除を紹介します。

要素の削除は del 関数を使います。また、辞書内の全要素を削除するには clear メソッドを利用します。

**Sample5-19（dict-sample7.py）**
```
01  # 辞書の値を設定
02  d = { "yellow" : "黄色" , "red" : "赤" , "blue" : "青" }
03  print(d)
04
05  # 値の削除
06  del(d["yellow"])
07  print(d)
08
09  # 全要素削除
10  d.clear()
11  print(d)
```

7 行目の del 関数で "yellow" というキーを持つ要素が削除されます。そして、10 行目の処理で全要素がクリアされます。実行結果は次のようになります。

● 実行結果
```
{'yellow': '黄色', 'red': '赤', 'blue': '青'}
{'red': '赤', 'blue': '青'}
{}
```

辞書の中の要素がまったくない状態は、{} で表現されます。

 例題 5-3

以下の例のように、季節を日本語で入力すると、それを英語に変換してくれるプログラムを作りなさい。

なお、春は Spring、夏は Summer、秋を Fall、冬を Winter とすること。

● 実行例
```
季節を入力:春
春は英語でSpringです。
```

## 解答例と解説

　2つのリストを用意し、それらをキーと値にした辞書を作成します。その後、その辞書をもとに、キーボードから入力した日本語の季節の名前を英語に変換して出力します。

● 解答例（**ex5-3.py**）

```
01  # 日本語、英語での季節の名前のリスト
02  jp_season = ["春","夏","秋","冬"]
03  eng_season = ["Spring","Summer","Fall","Winter"]
04
05  # 日本語をキー、英語を値として辞書を作る
06  season = {} # 空の辞書
07  for k,v in zip(jp_season,eng_season):
08      season[k] = v
09
10  # 作成したリストを表示
11  print(season)
12
13  # 季節を入力させる
14  s = input("季節を入力:")
15  # 英語にした季節名を表示
16  print("{}は英語で{}です。".format(s,season[s]))
```

● 実行結果

```
{'春': 'Spring', '夏': 'Summer', '秋': 'Fall', '冬': 'Winter'}
季節を入力:春
春は英語でSpringです
```

### ◎ for文とzip関数

　季節を表す日本語と英語を組み合わせた辞書を作る際に、それぞれの単語のリストを、for文で組み合わせています。このとき使われているのが7行目で登場する**zip関数**です。

　この関数を使うと、引数に指定した複数のリスト（またはタプル）から、1つずつ値を取り出すことができます。そのため、ループが始まると、jp_seasonからは「春」という単語を取り出し、eng_seasonからは「Spring」という単語を取り出します。そして、それらをキー・値として組み合わせた辞書を作ります。

* **for**と**zip**の組み合わせ

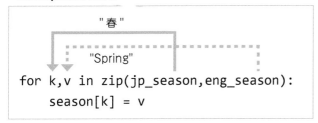

```
for k,v in zip(jp_season,eng_season):
    season[k] = v
```

なお、このサンプルはさらに短くすることができます。

* **辞書を1行で作成**

```
dict(zip(リスト1, リスト2))
```

このように書くと、リスト1をキー、リスト2を値とする辞書を作成することが可能です。これを踏まえて、ex5-3.py を変更すると、次のようになります。

**ex5-3_2.py**

```
01  # 日本語、英語での季節の名前のリスト
02  jp_season = ["春","夏","秋","冬"]
03  eng_season = ["Spring","Summer","Fall","Winter"]
04
05  # 日本語をキー、英語を値として辞書を作る
06  season = dict(zip(jp_season,eng_season))
07
08  # 作成したリストを表示
09  print(season)
10
11  # 季節を入力させる
12  s = input("季節を入力:")
13
14  # 英語にした季節名を表示
15  print("{}は英語で{}です。".format(s,season[s]))
16
```

- 集合の概念と使い方を学ぶ
- 集合を使ったデータの扱い方を身に付ける
- 集合に対するさまざまな操作を学ぶ

## 集合とは何か

　最後に**集合（set）**について説明します。リストと似ていますが、重複した値を持つことができません。また、**集合演算（しゅうごうえんざん）**を行うことが可能です。

　**集合（しゅうごう）**とは、数学の概念で、ものやデータの集まりのことです。また、複数の集合の共通点や、違いなどを求める演算を**集合演算（しゅうごうえんざん）**といいます。

　Pythonでは、データの集合を定義することができ、集合同士での演算を行うことが可能です。

　集合を定義する書式は、次のようになります。

● 集合の書式
```
名前 = { 値1 , 値2 , 値3 , … }
```

　集合の定義には{}を用います。この記号は辞書を定義するカッコと同じものですが、意味が異なりますので、使い方に注意しましょう。

　実際に集合を記述すると次のようになります。

● 集合の記述例
```
s = { 1 , 6 , -3 , 2 }
people = { "Tom" , "Mike" , "Bob" }
```

### 集合は値の重複を許可しない

　集合は、重複した値を持ちません。仮に定義したときに重複があったとしても、自動的に解消されます。実際に重複した値を作ってみましょう。

**Sample5-20**（set-sample1.py）
```
01  # 集合の値を定義（1が重複している）
02  numbers = { 1, 1, 2, 3, 4 }
03  print(numbers)
```

● 実行結果

```
{1, 2, 3, 4}
```

　実行結果からわかるとおり、1が重複して定義された集合 numbers を表示したところ、1の重複が解消されています。

● 集合による値の重複の解消

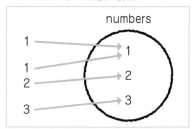

## 集合演算

　続いて、集合演算を見てみましょう。集合演算には以下の種類があります。

● 集合演算の種類と演算子

| 名前 | 読み方 | 演算子 |
|------|--------|--------|
| 和集合 | わしゅうごう | \| |
| 積集合 | せきしゅうごう | & |
| 差集合 | さしゅうごう | - |
| 対象差 | たいしょうさ | ^ |

　実際に、果物の名前をまとめた2つの集合を用意し、これらの各種集合演算を記述してみましょう。

● 集合演算を行う2つの集合の例

```
fruit1 = {"りんご","バナナ","パイナップル","グレープフルーツ"}
fruit2 = {"みかん","りんご","バナナ","オレンジ"}
```

この集合を**ベン図**で表すと次のようになります。ベン図の円は 1 つの集合を表し、円が重なっている部分に 2 つの集合で重なっている値を書きます。

● **集合fruit1とfruit2**

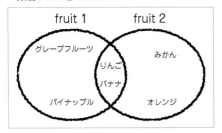

 **ベン図とは**

用語　ベン図とは、複数の集合の関係や範囲を視覚的に図式化したものです。視覚的に対象を整理し、類似点や相違点を強調するために用いられます。

## ◎和集合

和集合とは、2 つの集合に対して、どちらか、または両方の集合に属する要素全体の集合のことをいいます。演算子は「｜」です。そのため、fruit1 と fruit2 の和集合は「fruit1｜fruit2」と表されます。

● **和集合（fruit1｜fruit2）**

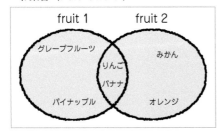

## ◎積集合

積集合とは、2 つの集合に対して、両方の集合に属する要素全体の集合のことをいいます。演算子は「 & 」です。そのため、fruit1 と fruit2 の積集合は「fruit1 & fruit2」と表されます。

- **積集合（fruit1 & fruit2）**

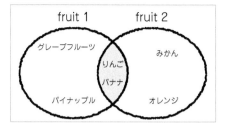

## ◉ 差集合

　差集合とは、ある集合の中から別の集合に属する要素を取り去って得られる集合のことです。A、B という 2 つの集合があった場合、他の集合演算と違い、「A - B」と「B - A」は異なります。演算子は「 - 」です。fruit1 と fruit2 の差集合は「fruit1 - fruit2」と「fruit2 - fruit1」になります。

- **差集合（fruit1 - fruit2 ／ fruit2 - fruit1）**

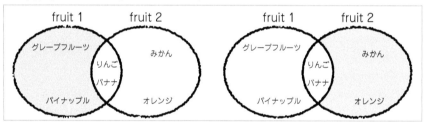

## ◉ 対象差

　2 つの集合 A、B の対象差とは、「A に属し B に属さないもの」と「B に属し A に属さないもの」すべてを集めて得られる集合のことです。結果は積集合の逆になります。

　演算子は「 ^ 」です。そのため、fruit1 と fruit2 の対象差は「fruit1 ^ fruit2」と表されます。

- **対象差（fruit1 ^ fruit2）**

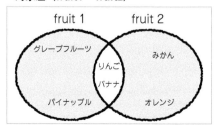

## ◉ 集合演算のサンプル

では実際にこれらの演算を行うサンプルを見てみましょう。

**Sample5-21**（set-sample2.py）

```
01  # 2つの集合を定義
02  fruit1 = {"りんご","バナナ","パイナップル","グレープフルーツ"}
03  fruit2 = {"みかん","りんご","バナナ","オレンジ"}
04  # 和集合
05  print("和集合")
06  print(fruit1 | fruit2)
07  # 積集合
08  print("積集合")
09  print(fruit1 & fruit2)
10  # 差集合
11  print("差集合")
12  print(fruit1 - fruit2)
13  print(fruit2 - fruit1)
14  # 対象差
15  print("対象差")
16  print(fruit1 ^ fruit2)
```

● 実行結果

```
和集合
{'パイナップル', 'バナナ', 'グレープフルーツ', 'オレンジ', 'りんご', 'み
かん'}
積集合
{'りんご', 'バナナ'}
差集合
{'パイナップル', 'グレープフルーツ'}
{'みかん', 'オレンジ'}
対象差
{'パイナップル', 'グレープフルーツ', 'オレンジ', 'みかん'}
```

集合は、インデックス番号で要素を管理していないため、要素の順序は登録した順序と異なる場合があります。

## ● ループと集合

次にループを使って集合の値を表示する方法について説明します。集合はリストと似ていますが、重複を許さないこと、集合演算ができること以外に、インデックスによる管理をしていないという大きな違いがあります。そのため、集合の全要素にループでアクセスする際には for 文ループのみが利用可能です。

以下に for 文ループで集合の全要素にアクセスするサンプルを示します。

**Sample5-22（set-sample3.py）**

```
01  # 集合の値を定義
02  s = { 1.2, -0.3, 2.7 , 3.6}
03
04  # for文ループで表示
05  for e in s:
06      print("{} ".format(e),end="")
```

● 実行結果

```
-0.3 1.2 2.7 3.6
```

5日目
コンテナ

## 値の追加・削除・消去

　続いて、集合への値の追加・削除・消去といったさまざまな操作の方法を紹介します。実際にサンプルを通して学んでみましょう。

### ◎ 値の追加

　集合への値の追加は **add メソッド**を利用します。add メソッドの引数として与えたものが集合に追加されます。

**Sample5-23（set-sample4.py）**

```
01  # 集合の値を定義
02  s = { "Japan" , "USA", "China" , "India" }
03
04  print(s)
05
06  # 要素「Australia」を追加
07  s.add("Australia")
08
09  print(s)
```

　このサンプルでは「Japan」「USA」「China」「India」という 4 つの値がある集合に、「Australia」という値が追加されています。

● 実行結果

```
{'USA', 'India', 'China', 'Japan'}
{'China', 'Australia', 'USA', 'India', 'Japan'}
```

このプログラムでは、値を追加する前と追加した後で集合の中身を表示しています。追加前の値は、定義した順番とはまったく違う順序で表示されています。また、データを追加した場合も、リストと違い末尾に追加されているわけでもありません。このように、**集合は値の重複はないものの、順序が保証されているわけではありません**。

## ◎ 値の削除

値の削除は remove メソッドで行います。

**Sample5-24 (set-sample5.py)**

```
01  # 集合の値を定義
02  s = { "Japan" , "USA", "China" , "India" }
03
04  print(s)
05
06  # 要素「China」を削除
07  s.remove("China")
08
09  print(s)
```

このサンプルでは「Japan」「USA」「China」「India」から「China」という値が削除されてます。

● 実行結果

```
{'USA', 'China', 'India', 'Japan'}
{'USA', 'India', 'Japan'}
```

## ◎ すべての値を削除する

集合内のすべての値を削除するには clear メソッドを使います。

**Sample5-25 (set-sample6.py)**

```
01  # 集合の値を定義
02  s = { "Japan" , "USA", "China" , "India" }
03
04  print(s)
05
06  # 要素をすべてクリア
07  s.clear()
08
09  print(s)
```

- **実行結果**

```
{'China', 'India', 'Japan', 'USA'}
set()
```

set() は、空の集合を意味します。実行結果から、clear メソッドにより空になったことがわかります。集合の値は { と } で囲まれていますが、{} になると空の辞書を意味するので、空の集合を表すものとして set() が表示されます。

 例題 5-4 ★☆☆

集合を利用して、12 と 18 の公約数をすべて見つけなさい。なお、約数とは、ある整数に対してそれを割り切ることのできる整数のことです。例えば、12 は 2 で割り切れるので、2 は 12 の約数です。また、公約数とは 2 つ以上の整数に共通となる約数のことをいいます。例えば、12、18 ともに 2 で割り切れるので、2 はこれらの数の公約数になります。

 解答例と解説

12 の約数と 18 の約数をそれぞれ集合の中に入れ、積集合を求めるとそこには 12 と 18 の公約数が残ります。

まず、12 の約数を求めるには、1 ～ 12 の数の中から、その数で 12 を割った数の余りが 0 のものを選び出し、それを集合 div1 に追加していきます。div1 は最初中身が空なので「div1 = set()」と初期化します。

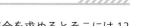

- **12の約数を求める**

| i | 1 | 2 | 3 | 4 | 5 | 6 | 7 | 8 | 9 | 10 | 11 | 12 |
|---|---|---|---|---|---|---|---|---|---|----|----|----|
| 12%i | 0 | 0 | 0 | 0 | 2 | 0 | 5 | 4 | 3 | 2 | 1 | 0 |

この結果、div1 の中身は {1, 2, 3, 4, 6, 12} となります。同様に、18 の約数の集合を div2 とすると、その中身は {1, 2, 3, 6, 9, 18} となります。

その結果、これらの積集合を divs とすると、divs=div1 & div2 となり、その結果は {1,2,3,6} となります。

- **12と18の公約数を求める**

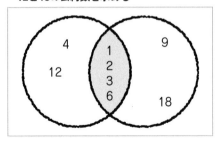

以上から、プログラムは次のとおりになります。

- **解答例（ex5-4）**

```
01  # 空の集合を定義
02  div1 = set()
03
04  # 1～12の中から12の約数を選び、div1に追加
05  for i in range(1,12+1):
06      if 12 % i == 0:
07          div1.add(i)
08
09  div2 = set()
10  # 1～18の中から18の約数を選び、div2に追加
11  for i in range(1,18+1):
12      if 18 % i == 0:
13          div2.add(i)
14
15  # 12と18の公約数の集合を作る
16  divs = div1 & div2
17  print("12と18の公約数:",end="")
18  for n in divs:
19      print("{} ".format(n),end="")
20  print()
```

- **実行結果**

12と18の公約数: 1 2 3 6

#  内包表記

- 内包表記で効率的なコンテナの生成方法を学ぶ
- さまざまな種類の内包表記の表現を学ぶ
- 内包表記の利点を知る

## 内包表記とは

例えば 1 から 10 までのデータを持つリストは比較的簡単です。次のように 1 から 10 までの数値を記述すればいいだけです。

● **1から10までのリストの生成**

```
[1,2,3,4,5,6,7,8,9,10]
```

しかし、プログラミングの観点から見れば、これはあまりスマートな方法とはいえません。このような規則性があるデータは、ぜひともプログラムで記述したいものです。
やり方として最も簡単なのは for 文を使ってデータを作る方法です。

**Sample5-26（comp-sample1.py）**
```
01  # 1から10までのリストを作る
02  l = []
03  for n in range(1,10+1):
04      l.append(n)
05
06  print(l)
```

● **実行結果**
```
[1,2,3,4,5,6,7,8,9,10]
```

このやり方をさらに簡潔に書けるようにしたものが**内包表記（ないほうひょうき）**と呼ぶ方法です。内包表記はコンテナを作るためのループをコンテナ内に記述する方法です。内包表記でこのプログラムを書き替えると次のようになります。

211

**Sample5-27（comp-sample2.py）**

```
01  # 内包表記で1から10までのリストを作る
02  l = [n for n in range(1,10+1)]
03
04  print(l)
```

実行結果は Sample5-26 と同じなので省略します。

## ◎ 内包表記の書式

　内包表記はリスト以外でも利用可能ですが、最も利用頻度が高いのがリストであるため、ここではリストの場合の書式を紹介します。

● リストの内包表記の書式①

```
[式 for 変数 in 範囲]
```

　内包表記は list でよく使われますが、dict や set などでも利用することが可能です。

　Sample5-27 は、n の値を 1 から 10 まで変化させ、式として n そのものを記述することにより 1 から 10 までの値のリストを生成させています。「式」と書かれた部分は、for 文で用いた変数そのもの、もしくはその変数による式が入ります。例えば n という変数が使われている場合には、「n」もしくは「2*n」といったような値が入ります。

● 内包表記

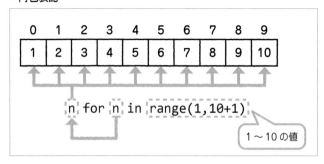

## 条件付き内包表記

さらに内包表現には次のように条件式を付けることができます。これにより、さらに複雑な規則を持つリストを生成することができます。

● リストの内包表記の書式②

[式 for 変数 in 範囲 if 条件式]

これにより、for文で生成した値から、条件式に当てはまる値のみが出力されるようになります。

実際にサンプルを通してこの表記の使い方を学んでいきましょう。

**Sample5-28（comp-sample3.py）**

```
01  # 内包表記で1から10までの偶数のリストを作る
02  list1 = [n for n in range(1,10+1) if n % 2 == 0]
03
04  print("1から10までの偶数:{}".format(list1))
05
06  # 内包表記で10の約数のリストを作る
07  list2 = [n for n in range(1,10+1) if 10 % n == 0]
08
09  print("10の約数:{}".format(list2))
```

● 実行結果

```
1から10までの偶数:[2, 4, 6, 8, 10]
10の約数:[1, 2, 5, 10]
```

list1は1から10のうち2で割り切れる値のみを取り出しているので、結果は[2,4,6,8,10]となります。また、list2は10が割り切れる数のみを出力しているので、結果は[1,2,5,10]となり、10の約数となります。

for文でリストを生成する際に、空のリストにappendメソッドを使って1つずつ追加する方法だと、メソッドの呼び出しによるわずかなロスが発生します。内包表記ではそのようなロスが生じないので、処理速度の観点からも好んで使われています。

## 3 練習問題

正解は 313 ページ

### 問題 5-1 ★☆☆

以下の例のように、キーボードから入力した文字列をすべて表示するプログラムを作りなさい。入力された単語はすべてリストに記録し、何も入力せずに Enter キーが押されたらそのリストの中のデータをすべて表示しなさい。

● **実行例**

| | |
|---|---|
| 単語を入力:car | 単語を入力して Enter キーを押す |
| 単語を入力:house | 単語を入力して Enter キーを押す |
| 単語を入力:street | 単語を入力して Enter キーを押す |
| 単語を入力:door | 単語を入力して Enter キーを押す |
| 単語を入力:snow | 単語を入力して Enter キーを押す |
| 単語を入力: | 何も入力せず Enter キーを押す |

```
car house street door snow
```

### 問題 5-2 ★★☆

キーボードから入力した整数値を偶数と奇数に分けて表示するプログラムを作りなさい。手順は以下のとおりとする。

(1) プログラムを実行すると「整数を入力:」と表示し、整数値の入力を受け付ける
(2) 何も入力せず Enter キーが押されるまで (1) の処理を繰り返す
(3) 入力された数値を偶数と奇数に分けて表示する

● 期待される実行結果の例

| | |
|--|--|
| 01 | 整数を入力:1 ← 整数値を入力 |
| 02 | 整数を入力:8 ← 整数値を入力 |
| 03 | 整数を入力:9 ← 整数値を入力 |
| 04 | 整数を入力:6 ← 整数値を入力 |
| 05 | 整数を入力:4 ← 整数値を入力 |
| 06 | 整数を入力:5 ← 整数値を入力 |
| 07 | 整数を入力:2 ← 整数値を入力 |
| 08 | 整数を入力: ← [Enter] キーを入力 |
| 09 | 偶数： 8 6 4 2 |
| 10 | 奇数： 1 9 5 |

 問題 5-3 ★☆☆

　下記の実行結果のように、キーボードから英単語を入力すると、それに対応する日本語が表示されるようにしなさい。なお、英語と日本語の対応には、辞書を使うこと。また、英語と日本語の対応は、以下の表を使うこと。

● 英単語と日本語の対応表

| 英語 | 日本語 |
|------|--------|
| cat | 猫 |
| dog | 犬 |
| bird | 鳥 |
| tiger | トラ |

● 期待される実行結果

英語で動物の名前を入力してください:cat ← コンソールから英単語を入力
「猫」です。

# 6日目

# 関数と
# モジュール

# 1 ) 関数

- ◉ 関数を自分で作る方法を学ぶ
- ◉ モジュールの概念と活用方法について理解する
- ◉ 複数のファイルに分かれたプログラムを作る

## 1-1 ユーザー定義関数

- 関数を自作する方法について理解する
- 関数を自作するときのルールを理解する
- さまざまな関数のサンプルに触れる

### 関数の定義

　すでに説明してあるとおり、関数とは、複数の処理を1つにまとめ、名前を付けたものです。複雑な処理や、何度も繰り返し行う処理などは、関数にまとめておくと大変便利です。

● 関数のイメージ

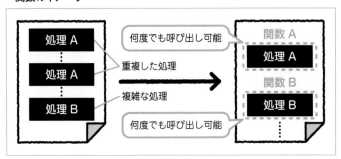

　すでに私たちは print や input をはじめとする Python の組み込み関数を利用してきましたが、実はユーザー自身で関数を定義することができます。

　ある程度、実用的なプログラムを作る場合、よく行う処理や繰り返し行う複雑な処理を何度も記述するのは面倒です。そのような処理を関数にまとめてしまえば、簡単に呼び出すことができます。

　ここでは関数を定義し、実行する方法について説明します。

## ● 関数の定義

　関数の定義は次のように行います。

● 関数の定義

```
def 関数名(引数1,引数2,…):
    …
    return 戻り値
```

### ◎ 関数名（かんすうめい）

　関数名は関数に与える名前です。変数と同様のルールで自由に付けることができます。ただし、組み込み関数の名前や、すでに作成した別の関数と重複した名前は付けられません。

　また、関数名はその処理の内容を説明する名前が付けられることが望ましいとされています。例えば足し算を行う関数は add、表示を行うための関数は show といったように、自分だけではなく第三者が見ても中身がわかるようにするように心掛ける必要があります。

### ◎ 引数（ひきすう）

　引数は、関数に渡すパラメータです。引数は変数として定義します。引数が複数ある場合は間を , （コンマ）で区切ります。関数内の処理はこの引数を受けて行います。

　場合によっては、引数を省略することも可能です。

◎ **戻り値（もどりち）**

戻り値は、関数が返す処理結果です。計算結果などを返すときに使えます。戻り値は <u>return</u> 文で返します。return は戻り値がない場合でも、途中で関数から抜け出す場合にも使います。戻り値も省略することが可能です。

## さまざまな関数を作ってみる

関数への理解を深めるには、多数のサンプルに触れ、実際に自分で作ってみるのが一番です。まずはさまざまな実例を紹介します。

◎ **足し算を行う関数を作る**

次のサンプルは、足し算を行う関数の例です。

**Sample6-1（func-sample1.py）**
```python
01 def add(x,y):
02     return x + y
03
04 # 関数を呼び出す
05 ans = add(2,3)
06 print(ans)
```

● **実行結果**

5

関数名は add であり、引数として x、y という値をとります。戻り値はこの 2 つの変数の合計 x+y を返します。最初の 1 〜 2 行目で関数の定義を行い、5 行目でこの関数を使います。引数として 2 と 3 を与えたため、戻り値 5 が得られます。この値は変数 ans に代入されます。値はこの 2 つの数の合計である 5 になります。

● **add関数のイメージ**

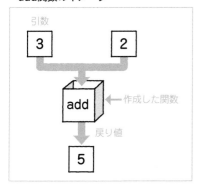

実際にこのプログラムの引数をさまざまな組み合わせに変えてみてください。どのような数値の組み合わせであっても、必ずその2つの数の合計が返ってくることがわかります。

## ◉ 最大値を取得する関数を作る

次のサンプルは、2つの数から最大値を取得する関数max_2関数の例です。

**Sample6-2（func-sample2.py）**
```
01  def max_2(x,y):
02      if x > y:
03          # xのほうが大きければ戻り値はx
04          r = x
05      else:
06          # yのほうが大きければ戻り値はy
07          r = y
08      return r
09
10  # 関数を呼び出す
11  m = max_2(2,3)
12  print(m)
```

● **実行結果**

3

2つの引数x、yが与えられるのはadd関数と変わりません。max_2関数の戻り値rは、関数の定義の最後である8行目で返されますが、直前の2〜7行目のif〜else文により、xがyより大きければxをrに代入、そうでなければyをrに代入します。

これにより、戻り値はx、yのうちいずれか大きいほうということになります。

● **max_2関数のイメージ**

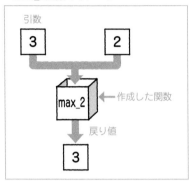

## ◎ 戻り値がない関数の例①

　次は、戻り値を返さない関数の例をいくつか紹介します。まずは一番単純な例として、与えられた引数をそのまま表示するサンプルを紹介します。

　次のサンプルを入力・実行してみてください。

**Sample6-3（func-sample3.py）**
```
01  def show(str):
02      print(str)
03
04  show("hello")
```

● **実行結果**
```
hello
```

　戻り値を返す関数は、何らかの演算結果などを得る場合に使われます。しかし、何らかの表示処理をするだけのような場合は、戻り値は必要としません。そのような場合は、returnで戻り値を返さないようにすれば、戻り値なしの関数を作ることができます。

　Sample6-3では、作成したshow関数に与えられた引数が、そのままprint関数によって表示されます。今までのサンプルと違い、return文が存在しません。値を返さないのでreturnは省略されています。前述のshow関数に、あえてreturnを省略しないで記述すると、次のようになります。

- **show関数（returnを省略しない場合）**

```
01 def show(str):
02     print(str)
03     return
```

　最後に return を記述していますが、戻り値がないので、その後に何も書かれていません。このような場合は return 文を省略できます。

## ◎ 戻り値がない関数の例②

　引数として文字列と整数値を渡すと、その整数値の回数だけ文字列が繰り返し表示されます。

**Sample6-4（func-sample4.py）**

```
01 def show_loop(str,num):
02     if(num<= 0):
03         print("繰り返し回数は正の数で入れてください")
04         return
05     # strをnum回繰り返し表示する
06     i = 0
07     while i < num:
08         print("{} ".format(str),end="")
09         i = i + 1
10     # 最後に改行を表示
11     print()
12
13 # helloを3回表示
14 show_loop("hello",3)
15 # worldを4回表示
16 show_loop("world",4)
17 # Pythonを-1回表示
18 show_loop("Python",-1)
```

- **実行結果**

```
hello hello hello
world world world world
繰り返し回数は正の数で入れてください
```

　作成した show_loop 関数は、1つ目の引数として文字列を、2つ目の引数として整数をとります。例えば1つ目の引数が「hello」であり、2つ目の引数が「3」の場合、「hello hello hello」と3回「hello」という文字列が表示されます。

しかし、整数の引数が負の場合、「繰り返し回数は正の数で入れてください」と表示され処理が終了します。これは4行目のreturn文で関数の処理が途中で終了しているためです。

## 関数を呼び出す場合の注意点

関数を呼び出す際にはいくつか注意点があります。ここでは特に重要なものを紹介しておきます。

### ◎ ルール1.　関数は呼び出す前に定義する

関数を呼び出す際、あらかじめ定義してから呼び出すようにしなくてはなりません。関数を定義する際には、順序に注意しましょう。

● 間違った方法

```
01  ans = add(2,3)
02
03  def add(x,y):
04      return x + y
```

● 正しい方法

```
01  def add(x,y):
02      return x + y
03
04  ans = add(2,3)
```

スクリプトファイルは上から下に向けて実行されるので、関数の定義が行われる前にその関数を呼び出すとエラーになります。

## ● ルール2. 関数名の重複の禁止

関数名を重複して定義することはできません。同一の関数名で異なる引数・戻り値を持つ関数を一度に定義することはできません。

• 間違った方法

```
01  def add(x,y):
02      return x + y
03
04  def add(x,y,z):
05      return x + y + z
```

たとえ似たような機能を持った関数だったとしても、引数が違えば異なる関数として新たに定義する必要があります。

• 正しい方法

```
01  def add_2(x,y):
02      return x + y
03
04  def add_3(x,y,z):
05      return x + y + z
```

この例のように、2つの引数を足し算する関数と3つの引数を足し算する関数が両方とも必要な場合は、「add_2」と「add_3」といったように、わかりやすい方法で別々の名前を付けるなどの工夫が必要です。

## 例題 6-1 ★☆☆

2 つの数の最小値を求める関数 min_2 を作りなさい。

### 解答例と解説

すでに学習した Sample6-2 の最大値を求める関数 max_2 を参考にするとよいでしょう。max_2 関数は引数として与えられた 2 つの引数のうち、大きいほうを返すことによって最大値を得ました。ここで作る min_2 関数はその逆で、引数のうち小さいほうを返すようにします。

● 解答例（ex6-1.py）

```
01  # 最小値を取得する関数
02  # 関数名
03  #    min_2
04  # 引数
05  #    x : 1つ目の数
06  #    y : 2つ目の数
07  # 戻り値:
08  #    xとyのうち小さいほう
09  def min_2(x,y):
10      if x < y:
11          # xのほうが小さければ戻り値はx
12          r = x
13      else:
14          # yのほうが小さければ戻り値はy
15          r = y
16      return r
17
18  # m,nの最小値を求める
19  m = 1
20  n = 2
21  print("{}と{}のうち最小の数は{}です。".format(m,n,min_2(m,n)))
```

実行すると m、n のうち小さい数が戻り値として得られていることがわかります。

- **実行結果**

1と2のうち最小の数は1です。

mおよびnにさまざまな値を入力して、正しく動作していることを確認しましょう。

 **例題 6-2** ★☆☆

例題 6-1 で作成した min_2 関数を使い、3 つの数の最小値を求める関数 min_3 を作りなさい。

**解答例と解説**

- **解答例（ex6-2.py）**

```
01  def min_2(x,y):
02      if x < y:
03          # xのほうが小さければ戻り値はx
04          r = x
05      else:
06          # yのほうが小さければ戻り値はy
07          r = y
08      return r
09
10  def min_3(x,y,z):
11      # x、yの最小値をmに代入
12      m = min_2(x,y)
13      # y、zの最小値をnに代入
14      n = min_2(y,z)
15      return min_2(m,n)
16
17  # a、b、cの最小値を求める
18  a = 1
19  b = 2
20  c = 3
21  min_num = min_3(a,b,c)
22  print("a={} b={} c={}".format(a,b,c))
23  print("最小の数は{}です。".format(min_num))
```

6日目

関数とモジュール

● 実行結果

a=1  b=2  c=3
最小の数は1です。

　関数 min_2 を定義してから、次に 3 つの整数を引数とし、その最小値を戻り値とする関数 min_3 を定義します。この関数では、引数 x、y、z をとり、まず min_2 を利用して x と y の最小値 m を求め、次に y と z の最小値 n を求めます。次に、m、n の最小値を求めると最終的には x、y、z の最小値を得ることができます。

　これを戻り値とすれば、3 つの数の最小値を求める関数ができあがります。このように、関数から別の関数を呼び出す処理もよく使われるので覚えておきましょう。

# 1-2 ローカル変数とグローバル変数

POINT

- ローカル変数の概念について理解する
- グローバル変数の概念について理解する
- 変数のスコープに関する理解を深める

## ローカル変数とグローバル変数

ex6-2.py の min_2 および min_3 では、x、y という同名の変数（引数）が使われています。しかしこれらは同名であるのにもかかわらず、変数としてはまったく別なものです。

このように特定の関数内で使用されている変数のことを**ローカル変数**といいます。min_2 と min_3 はそれぞれ別の関数であり、x、y はともにローカル変数であることから、**関数が違うと同名の変数でも別な変数の扱い**になります。

また、**ローカル変数はその関数の処理から抜け出すと消去されます。**

それに対し、今まで使ってきたような変数のことを**グローバル変数**といいます。グローバル変数はプログラム内のどこからでもアクセス可能です。

## 変数のスコープ

変数の有効範囲のことを**スコープ**といいます。グローバル変数のスコープはプログラム全体、ローカル変数は関数の中に限定されます。

実際にローカル変数とグローバル変数を使ったサンプルを紹介します。次のサンプルを入力・実行してください。

**Sample6-5（func-Sample6.py）**

```
01  # グローバル変数gを定義
02  g = 5
03
04  # 関数の中でローカル変数とグローバル変数を呼び出す
05  def dummy():
06      # ローカル変数a
```

```
07    a = 1
08    # gとaを表示
09    print("dummy : g={}".format(g))
10    print("dummy : a={}".format(a))
11
12  # 関数呼び出し
13  dummy()
14  # g、aを表示
15  print("g={}".format(g))
16  print("a={}".format(a))
```

　グローバル変数 g のスコープはプログラム全体なので dummy 関数内でも下部の処理でも同じ「5」という値が得られます。しかし、a は dummy 関数のローカル変数なので、この関数内でしか利用できません。 関数 dummy 内で定義されたローカル変数 a は、dummy 以外で使うことができません。そのため、最後の行で関数外で変数 a の値を表示しようとすると例外が発生します。

● 実行結果

```
dummy : g=5
dummy : a=1
g=5
Traceback (most recent call last):
  File "c:/programming/python/func-sample5.py", line 16, in
<module>
    print("a={}".format(a))NameError: name 'a' is not defined
```

**重要**

グローバル変数はどこでも使えて便利ですが、多用しすぎるとどこの処理で変更されたのかわかりにくくなります。そのため、グローバル変数はなるべく使わないほうが良いとされています。

# 1-3 可変長引数

POINT

- 引数の長さを自由に変えられる関数について理解する
- タプルのケースと辞書のケースの違いを理解する
- さまざまなサンプルに触れて実用的な使い方を理解する

6日目

関数とモジュール

## 可変長引数とは

今まで学習してきた関数では、引数がある場合、その数は決まっていました。しかし Python の関数は、長さを自由に変えることができる引数も定義することができます。

これを**可変長引数（かへんちょうひきすう）**といい、引数がタプルになるケースと、辞書になるケースの 2 パターンが存在します。

## 引数がタプルになるケース

タプルの可変長引数を持つ関数の定義は以下のようになります。タプル引数の前に ＊ を付けてください。

- **タプルの可変長引数を持つ関数の定義**

```
def 関数名(*タプル引数):
    …
    return 戻り値
```

**Sample6-6（func-sample6.py）**

```
01 # タプルの引数itemを持つ関数
02 def show_items(*items):
03     for i,item in enumerate(items):
04         print("{}:{} ".format(i,item),end="")
05     print()
06 show_items("ONE","TWO","THREE","FOUR")
07 show_items("いち","に","さん")
```

231

● 実行結果
```
0:ONE 1:TWO 2:THREE 3:FOUR
0:いち 1:に 2:さん
```

　show_items 関数は引数として与えられたタプルに番号を付けて表示する関数です。

　ここでは、この関数を 2 回呼び出していますが、最初の引数は 4 つ、次は 3 つです。これが可能なのは**引数がタプルとして定義**されているからです。

　つまり、最初の場合は 4 つの要素を持つタプル、次は 3 つの要素を持つタプルが引数として与えられているので、与えられた引数の数だけ値が表示されるように見えるのです。引数の数が変わらない場合にはタプルを引数とすると便利です。

### ◎ enumerate関数

　なお 3 行目の enumerate 関数は、要素のインデックスと要素を同時に取り出す関数です。for 文にリストやタプルを与えると、要素のみしか取得できませんが、enumerate 関数を使うと引数と要素のセットを取得できます。

● **enumerate関数**

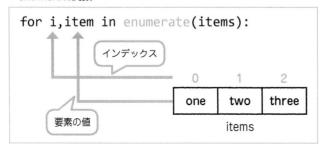

## ● 引数が辞書になるケース

　辞書の可変長引数を持つ関数の定義は以下のようになります。

● **辞書の可変長引数を持つ関数の定義**
```
def 関数名(**辞書引数):
    …
    return 戻り値
```

　引数の前に ** を付けると、渡す引数は辞書になります。このようなタイプの引数のことを**キーワード引数**といいます。この引数は、次のように引数名と値の組み合わせで値を渡すことができます。

● 引数名と引数の関係
　キー：引数名
　値：引数

　実際にどうなるか、簡単なサンプルで学習してみましょう。

**Sample6-7**（**func-sample7.py**）
```
01  # 辞書の引数itemを持つ関数
02  def show_items(**items):
03      for key,value in items.items():
04          print("{} : {} ".format(key,value))
05      print()
06
07  # 引数として辞書を入れたものを与える
08  show_items(key1="hoge",key2="fuga")
09
10  # 引数として辞書を入れたものを与える
11  show_items(k1="Hello",k2="Python",k3="Programming")
```

● 実行結果
```
key1 : hoge
key2 : fuga

k1 : Hello
k2 : Python
k3 : Programming
```

　実行結果からわかるとおり、辞書でデータを渡せています。**引数の値に特定の名前を付けたい**場合はこの方法を使うと便利です。

## ◎ 複数の戻り値を持つ関数
　ここまで複数の引数の取り方について説明してきましたが、実は戻り値も複数の値をとることが可能なので、最後にその方法を紹介します。
　関数では戻り値の値を，（コンマ）で区切ることにより、複数の値を戻り値とすることが可能です。以下のサンプルを入力・実行してみてください。

**Sample6-8（tuple-sample8.py）**

```
01  # a,bの2つの整数の計算を行う関数
02  def calc(a,b):
03      # 答えを計算
04      ans1 = a + b
05      ans2 = a - b
06      ans3 = a * b
07      ans4 = a // b
08      # 答えをタプルで返す
09      return ans1,ans2,ans3,ans4
10
11  x = 10
12  y = 2
13
14  # 計算を行う
15  a1,a2,a3,a4 = calc(x,y)
16
17  # 答えを表示
18  print("{} + {} = {}".format(x,y,a1))
19  print("{} - {} = {}".format(x,y,a2))
20  print("{} × {} = {}".format(x,y,a3))
21  print("{} ÷ {} = {}".format(x,y,a4))
```

● **実行結果**

```
10 + 2 = 12
10 - 2 = 8
10 × 2 = 20
10 ÷ 2 = 5
```

　このサンプルで定義した関数 calc は引数として与えられた複数の整数の四則演算を行ってその値をすべて返します。

　値は ans1、ans2、ans3、ans4 という複数の値にして返しますが、return でこれらの値を「,」で区切ることにより、タプルにして複数の値を返します。

　その結果を変数 a1、a2、a3、a4 という変数に代入する際には return の場合と同様に「,」で区切るとこれらの変数に一度に戻り値を代入することができます。

# 2 ファイルを分割する

- ▶ プログラムを複数のファイルに分ける方法について学ぶ
- ▶ モジュールの概念について学ぶ
- ▶ パッケージの概念について学ぶ

## 2-1 モジュール

- プログラムを複数のモジュールに分割する
- import について理解する
- モジュールを活用する方法について学習する

### ● モジュールとは何か

Python では、関数の定義をしたファイルとプログラムの本体の処理をするスクリプトファイルを分割することがよくあります。これは大規模なプログラムを開発するときには必須です。そのため、プログラムを**モジュール（module）**と呼ばれる単位に分割します。モジュールとは他のプログラムから利用できるようにしたプログラムです。

ファイルをモジュールに分割すると、スクリプトファイルの見通しがよくなります。ファイルを分割せず、すべてが 1 つのファイルにあると、プログラムが見づらくなるために間違いが増えやすくなり、生産性が低くなります。

また、関連する機能をまとめられるのも、ファイルを分割するメリットです。機能ごとにモジュールを分ければ、プログラムを整理しやすくなります。

さらに、プログラムの管理が容易になり、複数のプログラマーでモジュールごとに担当を割り当てることにより、開発が容易になります。

● 関数のイメージ

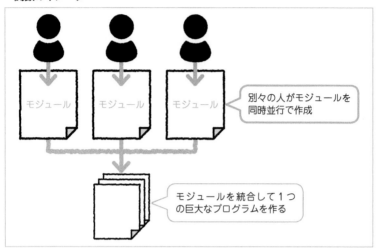

分割したファイルを読み込む方法には以下の 2 とおりあります。

## ◉ （1）import文を使ってモジュールを読み込む

1 つ目はモジュール全体を読み出す方法です。モジュールの読み出しには import 文を使います。書式は次のようになります。

● モジュールの読み出し
import モジュール名

読み込むファイルが hoge.py なら、import hoge とします。ファイルを指定する際、「.py」という拡張子は省略します。そして、この .py をとった名前が**モジュール名**です。
また、読み出したモジュール内の関数を利用する場合には、頭にモジュール名を付ける必要があります。書式は次のとおりになります。

● モジュール内の関数の読み出し
モジュール名.関数名(引数1,引数2,…)

実際に、以下のファイルを入力してみましょう。このプログラムはメインの処理部分（module-sample1.py）とモジュール（calc.py）に分割されています。メインの処理部分では、モジュールを読み出してその中の関数を実行しています。

それではまず、メイン処理部分となる下記のプログラムを入力し保存します。

**Sample6-9（module-sample1.py）**

```
01  # calcモジュールを読み込み
02  import calc
03
04  a = 2
05  b = 3
06  # モジュール内の関数を呼び出し
07  ans1 = calc.add(a,b)
08  ans2 = calc.sub(a,b)
09
10  print("{} + {} = {}".format(a,b,ans1))
11  print("{} - {} = {}".format(a,b,ans2))
```

次に、モジュールとなる下記のプログラムを入力します。ファイル名は「calc.py」となるようにしてください。また、メイン処理のファイルと同一のディレクトリに保存してください。

**Sample6-9（calc.py）**

```
01  # 足し算
02  def add(x,y):
03      return x + y
04  # 引き算
05  def sub(x,y):
06      return x - y
```

ファイルが複数になりましたが、実行するのは「module-sample1.py」のほうです。実行結果は次のようになります。

● **実行結果**

```
2 + 3 = 5
2 - 3 = -1
```

「import calc」から「calc.py」が利用できるため、module-sample1.py 内で add 関数と sub 関数が呼び出されます。

● **Sample6-9のモジュール読み出し**

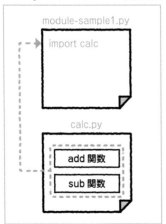

メイン処理から add 関数および sub 関数を呼び出す際には、7 行目と 8 行目のように、頭に「calc.」を付けます。

## ◎ **(2) モジュール内の特定の関数だけを読み込む**

import だとモジュール全体の関数を読み込みますが、場合によってはその中の特定の関数だけを利用したい場合もあります。このようなときに次のような書式で関数を読み出します。

● **モジュール内の特定の関数の読み出し**
from モジュール名 import 関数名

**Sample6-10（module-sample2.py）**
```
01 # calcモジュールを読み込み
02 from calc import add
03
04 a = 2
05 b = 3
06 # モジュール内の関数を呼び出し
07 ans1 = add(2,3)
08 # sub関数は読み出していないので使えない
09 #ans2 = sub(2,3)
10
11 print("{} + {} = {}".format(a,b,ans1))
12 #print("{} - {} = {}".format(a,b,ans2))
```

- 実行結果

```
2 + 3 = 5
```

module-sample2.py では、先ほど作った calc.py の中から、add 関数だけを読み出しします。

- **Sample6-10のモジュール読み出し**

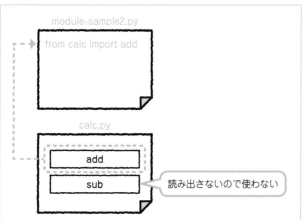

Sample6-9 と違い、**関数名の先頭に「calc.」というモジュール名を付ける必要がありません**。

calc.py の中には sub 関数も定義されていますが、この場合は利用できません。

試しに 9 行目の「#ans2 = sub(2,3)」のコメント # を取って実行してみてください。

- コメントを外す

次のようなエラーが表示されます。

● **sub関数を呼び出そうとしたときに出るエラー**

```
Traceback (most recent call last):
  File "c:/Users/shift/Documents/Python/module-sample2.py", line
9, in <module>
    ans2 = sub(2,3)
NameError: name 'sub' is not defined
```

このエラーは、「sub という関数の名前は存在しない」という意味です。つまり、add 関数は読み出しているために利用できるものの、sub 関数は読み出していないので利用できないということです。

**コメントアウト**

プログラムの一部で、行頭に「#」を付けることでコメント化して無効化し、一時的に動作しないようにすることをコメントアウトといいます。デバッグのテクニックとしてしばしば使われるので覚えておきましょう。

# 2-2 パッケージ

POINT

- パッケージの概念を理解する
- 複数のモジュールをパッケージにまとめる方法について理解する
- \_\_init\_\_.py の活用方法を学ぶ

## ● パッケージとは何か

　モジュールが複数ある場合、その数だけ import 文を使うことができます。しかしその数があまり多くなると管理するのが大変です。そのような場合に役立つのが**パッケージ（package）**です。

　パッケージは、モジュールをディレクトリにまとめておくことにより、作ることができます。このディレクトリの名前が**パッケージ名**です。

**ディレクトリ**

用語　ディレクトリとはフォルダーのことです。

　このとき、ディレクトリ内部に複数のモジュールのスクリプトファイルに加えて、\_\_init\_\_.py というファイルを配置します。

● パッケージの基本構造

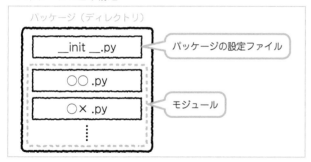

パッケージ（ディレクトリ）

| \_\_init\_\_.py | → パッケージの設定ファイル |

| ○○.py | |
| ○×.py | → モジュール |

241

\_\_init\_\_.py は、ディレクトリが **Python のパッケージであることを示す目印**となるファイルです。このファイルは中身が空でもかまいません。サブディレクトリ(フォルダー内にさらにフォルダーがあるような状況)などがある場合は、その設定をこのファイルの中に書く必要が出てきます。

## ● パッケージの実装① (\_\_init\_\_.py を空にする場合)

では実際に、パッケージを実装してみましょう。「pkg1」というパッケージを作ってみることにします。そしてこのパッケージ内にモジュールを定義します。

### ◉ パッケージの作成

今回は作業を行っているディレクトリ「pkg1」を作り、その中に 3 つのファイルを作って置くことにします。

VSCode では、エクスプローラーの［新しいフォルダー］ボタンをクリックすると、新しいディレクトリを作ることができます。

● 新しいディレクトリの作成①

❶［新しいフォルダー］をクリック

ディレクトリ名を入力できる状態になるので、「pkg1」と入力し、Enter キーを押します。

● 新しいディレクトリの作成②

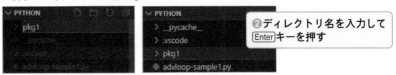

❷ディレクトリ名を入力して Enter キーを押す

作成した「pkg1」ディレクトリに、パッケージのファイルを配置します。「>pkg1」の部分をクリックして選択し、ディレクトリ内に「**\_\_init\_\_.py」という名前のファイル**を作成してください。ファイルを置くだけで機能するため、中身を記述する必要はありません。

続けて、同じ「pkg1」ディレクトリ内に以下のファイルを作成し、保存してください。

**pkg_modules1.py**

```
01  # pkg_modules1.py
02
03  def add_items(a,b):
04      print(a+b)
05
06  def loop_func(loop):
07      for i in range(1,loop+1):
08          print(i,end=" ")
09      print()
```

**pkg_modules2.py**

```
01  # pkg_modules2.py
02
03  def show_items(*datas):
04      for data in datas:
05          print(data,end=" ")
06      print()
```

## ◉ パッケージ内のモジュールを利用する①

では、実際にこれらのパッケージを利用する方法を紹介しましょう。まずは一番シンプルなケースとして、モジュール「pkg_modules1」および「pkg_modules2」を直接読み出して表示する方法を紹介します。パッケージ内のモジュールを読み出すには次のようにします。

● パッケージ内のモジュールの読み出し

import パッケージ名.モジュール名

こうして読み出したモジュール内の関数を呼び出す場合には次のようにします。

● パッケージ内のモジュールの関数の呼び出し

パッケージ名.モジュール名.関数名(引数1,引数2,…)

実際に pkg1 内の module1 および module2 の中の関数を呼び出すサンプルを作ってみましょう。以下のプログラムを pkg1 フォルダーと同じディレクトリに配置して実行してください。

**Sample6-11（module-sample3.py）**

```
01  # 全モジュールをimportする
02  import pkg1.pkg_modules1
03  import pkg1.pkg_modules2
04
05  # pkg_modules1の中の処理
06  pkg1.pkg_modules1.add_items("hoge","fuga")
07  pkg1.pkg_modules1.loop_func(5)
08  # pkg_modules2の中の処理
09  pkg1.pkg_modules2.show_items('a','b','c')
```

このプログラムを実行すると次のようになります。

● 実行結果

```
hogefuga
1 2 3 4 5
a b c
```

2行目および3行目でパッケージのモジュールを読み出しています。「import pkg1.pkg_modules1」とすることにより、pkg1の中のモジュールpkg_module1が読み出されます。

同様に「import pkg1.pkg_modules2」とすることにより、pkg1の中のモジュールpkg_module2が読み出されます。

● パッケージ内のモジュールのインポート

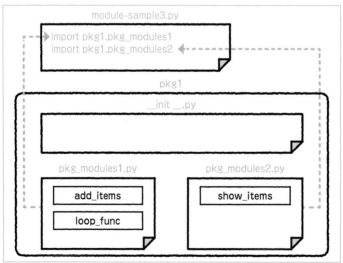

addItems および loop_func 関数は pkg_module1 というモジュール内の関数なので、「pkg1.pkg_modules1. 関数名」という呼び出し方をしています。同様に、pkg_module2 の場合は「pkg1.pkg_modules2. 関数名」となります。

● 関数の先頭にパッケージ名・モジュール名を付ける

## ◉ パッケージ内のモジュールを利用する②

前述の方法は関数の呼び出しまでパッケージ名と関数名をともに記述しなくてはならないため少し面倒で、もう少し便利にしたいところです。そのような場合、以下の方法を使えば、関数のパッケージ名を省略できます。

● パッケージ内のモジュールの読み出し

from (パッケージ名) import (モジュール名)

こうして読み出したモジュール内の関数を呼び出す場合には次のようにします。

● パッケージ内のモジュールの関数の呼び出し

モジュール名.関数名(引数1,引数2,…)

Sample6-10 と同じ処理を行うサンプルをこの方法で記述すると次のようになります。

**Sample6-12（module-sample4.py）**

```
01  # 全モジュールをimportする
02  from pkg1 import pkg_modules1
03  from pkg1 import pkg_modules2
04
05  # pkg_modules1の中の処理
06  pkg_modules1.add_items("hoge","fuga")
07  pkg_modules1.loop_func(5)
08  # pkg_modules2の中の処理
09  pkg_modules2.show_items('a','b','c')
```

実行結果は同じなので省略します。

「from pkg1 import pkg_modules1」「from pkg1 import pkg_modules2」とすることにより、pkg1 のモジュール pkg_modules1 と pkg_modules2 が読み込まれているのは一緒です。

● パッケージ内のモジュールのインポート

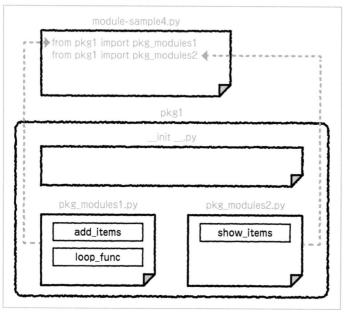

この方法を利用すると、関数の先頭に付けていたパッケージ名「pkg1」という文字列がなくなっています。これにより処理の記述が少し簡単になりました。

● 関数の先頭はモジュール名だけが付く

## ● パッケージの実装②（__init__.py を記述する場合）

次に、__init__.py の記述を伴うサンプルを紹介します。__init__.py 内の記述をすると、import の際の記述を簡単にすることができます。

### ◎ パッケージの作成

今回は作業を行っているディレクトリ「pkg2」を作り、その中に3つのファイルを作って置くこととします。「pkg1」を作ったときと同様に、VSCode ではエクスプローラーで「pkg2」というディレクトリを作り、「__init__.py」という名前のファイルを作成してください。今回は、この __init__.py の中に対して、下記を記述します。

**__init__.py**
```
01 from . import pkg_modules1
02 from . import pkg_modules2
```

「.」はカレントディレクトリを指します。「from . import pkg_modules1」はカレントディレクトリにあるモジュール pkg_modules1 を読み出すという意味です。モジュール pkg_modules2 についても同様です。

「pkg2」ディレクトリには、先ほど作成した「pkg_modules1.py」と「pkg_modules2.py」をコピーして入れてください。

### ◎ パッケージ内のモジュールを利用する①

では、実際にパッケージ「pkg2」を読み出すサンプルを作ってみましょう。ここではパッケージをインポートするだけで全モジュールが使用できるケースについて紹介します。以下のプログラムを pkg2 フォルダーと同じディレクトリに配置して実行してください。

**Sample6-13（module-Sample5.py）**
```
01 # pkg2の読み込み
02 import pkg2
03
04 # pkg_modules1の中の処理
05 pkg2.pkg_modules1.add_items("hoge","fuga")
06 pkg2.pkg_modules1.loop_func(5)
07 # pkg_modules2の中の処理
08 pkg2.pkg_modules2.show_items('a','b','c')
```

pkg1 との違いは、__init__.py の中に読み出し情報が記述されているので、「import pkg2」ですべてのモジュールを読み出せる点にあります。

● **__init__.py**の中に読み出し情報が記述された場合

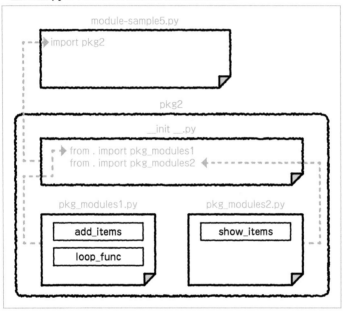

図で見るとわかるとおり、pkg1 と同じようなことをしようとしても複数の import 文を書く必要はなく、パッケージ名だけで十分です。これで import の書き方がだいぶすっきりとしました。

ただし、関数の呼び出しを行う場合には「**パッケージ名.モジュール名.関数**」という呼び出し方になってしまいます。

● **関数の呼び出し方**

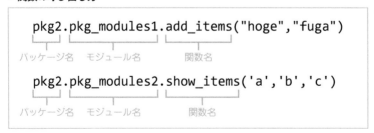

せっかく import がすっきりしたのですから、もう少し関数の呼び出しをシンプルにしたいものです。次はパッケージ名を省略できる方法について説明します。

### ◉ パッケージ内のモジュールを利用する②

次のようにすると、「pkg2」を省略して関数を呼び出せます。

**Sample6-14（module-sample6.py）**

```
01  # pkg2の読み込み
02  from pkg2 import *
03
04  # pkg_modules1の中の処理
05  pkg_modules1.add_items("hoge","fuga")
06  pkg_modules1.loop_func(5)
07  # pkg_modules2の中の処理
08  pkg_modules2.show_items('a','b','c')
```

● **from pkg2 import \*を使った場合**

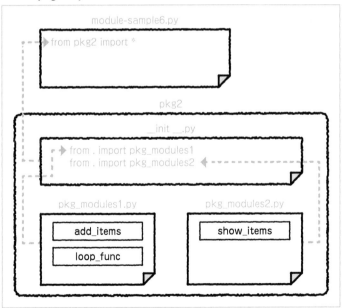

先頭の「from pkg2 import *」にある * は、「すべてのモジュール」を意味します。
つまり、これを付けることにより pkg2 のすべてのモジュールを読み出します。

これにより、pkg_modules1 および pkg_modules2 の先頭の「pkg2.」を省略することができます。

● **from pkg2 import \*を使った場合の関数の呼び出し**

**参考**
モジュール名が長くなると、入力するのが大変です。その際、エイリアス（alias）を使うと、短い名前に変えることができます。エイリアスに関しては 7 日目で説明しますので、そちらを参考にしてください。

# 3 関数のデバッグ

- VSCode で関数のあるプログラムをデバッグする
- 関数内の処理をトレースする方法を身に付ける
- 複数のモジュールに分割したケースも学ぶ

## 3-1 ステップイン・ステップオーバーの利用

POINT

- 関数のあるプログラムのデバッグをする
- デバッガで関数内の処理を追跡する

### ● 複数モジュールに分かれたプログラムをデバッグする

　関数やモジュールがプログラムの中に組み込まれると、プログラムはかなり複雑になります。ここでは VSCode のデバッガを使って、具体的にどのようにすれば複雑なプログラムを解析できるかについて紹介します。

　デバッガの活用方法は、必ずしもプログラムの中のバグを追跡するばかりとは限りません。**プログラムの中のよくわからない処理などを追跡し、コード解析する**ことなどにも利用されます。今回はそのような方法をメインとしたデバッグの方法を紹介します。

**重要**

　デバッガは、プログラムの流れを解析する際にも利用できます。

## ● デバッガを利用してプログラムの流れを解析する

実際にデバッガを使ってプログラムの動きを追跡しながら、デバッガの動作や表示の意味などを解説していきます。

### ◎ (1)ブレークポイントの設定

今回デバッグしてみるプログラムは、例題 6-2 で使った ex6-2.py を利用することにします。21 行目にブレークポイントを設定してください。

● ブレークポイントの設定

```python
1   def min_2(x,y):
2       if x < y:
3           # xの方が小さければ戻り値はx
4           r = x
5       else:
6           # yの方が小さければ戻り値はy
7           r = y
8       return r
9
10  def min_3(x,y,z):
11      # x、yの最小値をmに代入
12      m = min_2(x,y)
13      # y、zの最小値をnに代入
14      n = min_2(y,z)
15      return min_2(m,n)
16
17  # a、b、cの最小値を求める
18  a = 1
19  b = 2
20  c = 3
21  min_num = min_3(a,b,c)
22  print("a={} b={} c={}".format(a,b,c))
23  print("最小の数は{}です。".format(min_num))
```

❶21行目の左側をクリックする

### ◎ (2)プログラムの実行

デバッグを開始します。メニューから[デバッグ]-[デバッグの開始]を選択するか、F5 キーを押します。するとデバッグが始まり、最初のブレークポイントでプログラムが停止します。

● ブレークポイントでのプログラムの一時停止

```
▷ 21    min_num = min_3(a,b,c)
  22    print("a={} b={} c={}".format(a,b,c))
  23    print("最小の数は{}です。".format(min_num))
```

画面左上の「変数」を見ると、変数 a、b、c の値がそれぞれ 1、2、3 となっていることがわかります。

● 変数の内容

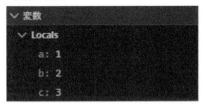

## ● (3)関数の処理の中に入っていく

ここからは min_3 関数の中に入っていきます。**ステップイン**ボタン（ ）か F11 キーを押すと、min_3 関数の中に入ります。

● ステップインでmin_3に入った状態

```
  10    def min_3(x,y,z):
  11        # x、yの最小値をmに代入
▷ 12        m = min_2(x,y)
  13        # y、zの最小値をnに代入
  14        n = min_2(y,z)
  15        return min_2(m,n)
```

画面左側のコールスタックを見ると、現在処理が min_3 関数に入っていることがわかります。

● min_3に入ったときのコールスタック

関数とモジュール

また変数を見ると、この関数内で使われているのは引数の x、y、z であることがわかります。

● **show_line関数内での変数の状態**

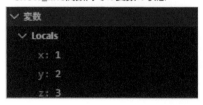

　x の値は、呼び出し元の a の値、y の値は b、z の値は c に対応しています。

## ◉ (4)さらに深い階層に入っていく

　min_3 関数は中で、さらに min_2 関数を呼び出しています。そのため、もう一度ステップインボタンを押すと、さらに min_2 の中に入ります。

● **min_2に入った状態**

```
1    def min_2(x,y):
2        if x < y:
3            # xの方が小さければ戻り値はx
4            r = x
5        else:
6            # yの方が小さければ戻り値はy
7            r = y
8        return r
```

　コールスタックを見ると、min_2 関数は min_3 関数を経て呼び出されていることがわかります。関数の呼び出しは、しばしばいくつかの関数の処理を経て行われることがあります。

　このようなときにコールスタックを調べると、どのような経路を経てこの関数の処理にたどり着いたのかがわかります。

● **min_2に入ったときのコールスタック**

### ◉ (5)関数から出る

関数内の処理を追いかけるにはステップオーバーを使えばよいのですが、途中からステップインで入った関数から抜け出すには、**ステップアウト**ボタン（  ）ボタンを押します。

ステップアウトを押した後にもう一度ステップオーバーを押すと、関数から出たところから処理が再開されます。

● **ステップアウトでmin_3に戻る**

```
10    def min_3(x,y,z):
11        # x、yの最小値をmに代入
12        m = min_2(x,y)
13        # y、zの最小値をnに代入
14        n = min_2(y,z)
15        return min_2(m,n)
```

このように、ステップイン・ステップオーバーを使えば、関数の中の処理を追跡することができるのと同時に、関数の中の関数、さらにはコールスタックで呼び出し経路までもわかります。

> 🔑
> **重要**
>
> ステップイン・ステップアウトは特定の関数の処理などを深く追跡する際に利用できます。

# 4 練習問題

▶ 正解は 316 ページ

## ✎ 問題 6-1 ★☆☆

キーボードから 4 つの数値を入力し、その数の合計を表示するプログラムを作りなさい。その際、4 つの整数を引数とし、その合計値を戻り値とする関数 add_four 関数を作り、利用すること。

● 実行例

```
1つ目の数値:1 ◀──── キーボードから入力
2つ目の数値:2 ◀──── キーボードから入力
3つ目の数値:4 ◀──── キーボードから入力
4つ目の数値:5 ◀──── キーボードから入力
1 + 2 + 4 + 5 = 12
```

## ✎ 問題 6-2 ★★☆

数値をいくつも入力させ、何も入力せずに Enter キーが押されたら、それまでに入力した数値の最大値・最小値・平均値を求めて表示するプログラムを作りなさい。このとき、以下の条件の関数を作り、活用すること。

(1) avg_nums 関数 … 引数の数値のリストの平均値を求める
(2) max_nums 関数 … 引数の数値のリストの最大値を求める
(3) min_nums 関数 … 引数の数値のリストの最小値を求める

- 実行例

数値を入力:1 ←  キーボードから入力
数値を入力:2 ← キーボードから入力
数値を入力:4 ← キーボードから入力
数値を入力:5 ← キーボードから入力
数値を入力: ← 何も押さずに Enter キーを押す
最大値 ： 5
最小値 ： 1
平均値 ： 3.0

## 🖊 問題 6-3 ★★★

タプルとして複数の整数値を引数として与えたとき、その値を大きい順に並べ替えたタプルにして返す関数 sort_nums 関数を作りなさい。例えば、(1,4,2,3,5) を引数とした場合、(5,4,3,2,1) を返すようにしなさい。

- 実行例（引数として**1,5,2,4,-2,7**を与えた場合の結果）

(7, 5, 4, 2, 1, -2)

# 7日目

## 覚えておきたい
## 知識と総まとめ

# その他の覚えておきたい知識

- シーケンス型の概念と使い方に関する学習
- ライブラリの使い方に関する学習
- 例外処理について

## 1-1 シーケンス型

- シーケンス型と使い方について理解する
- スライスの使用方法について理解する
- コンテナ・文字列などさまざまな事例に触れる

### ● シーケンス型とは何か

本書の最終日となりました。最後に、ここまでで学んできたこと以外で覚えておきたい知識として、以下の3つを学びましょう。

① シーケンス型
② ライブラリの使い方
③ 例外処理

これらの概念について説明した後に、今まで学習した内容を基にして簡単なゲーム（ポーカーゲーム）を作ってみたいと思います。

はじめに**シーケンス型**について学習します。シーケンスとは、複数の連続したデータを順番に並べたものをひと塊として格納するための型です。Pythonでは以下のシーケンス型が用意されています。

- リスト（list）
- タプル（tuple）
- レンジ（range）
- 文字列（string）

これらはすべてすでに学習済みのものです。実はこれらはすべて同じシーケンス型として共通するデータへのアクセス方法が用意されているのです。

## スライス

シーケンス型で利用できるものの1つに、**スライス**というデータのアクセス方法があります。スライスを利用すると、シーケンス型から任意の要素を抜き出したり置換したりすることができます。

スライスの指定の方法の書式は以下のとおりです。sはシーケンス型の値を指します。

• **スライスの指定方法**
s[開始: 終了: ステップ]

開始、終了、ステップはシーケンス内のインデックスを指すものであり、いずれも省略できます。ただしすべてを省略することはできません。

開始、終了、ステップにはマイナスの値を指定することができます。マイナスは指定すると後方から指定するという意味になります。

この書式を見て、勘のいい方は for 文の range で数値の変化を指定した方法とまったく同じだということに気が付いたと思います。シーケンス型は range 関数と同じ方法でデータにアクセスする方法を持つと理解すればわかりやすいでしょう。

**重要**　スライスはシーケンス型の値ならどれでも利用できます。

## 文字列のスライス

わかりやすい事例として、文字列のスライスを取り上げてみたいと思います。

**Sample7-1（slice-sample1.py）**
```
01  # 文字列のスライス
02
03  str = "Hello Python"
04  # オリジナルの文字列の表示
05  print(str)
```

```
06  # 0～5の手前まで
07  print(str[0:5])
08  # 6～最後まで
09  print(str[6:])
10  # 2文字ずつ
11  print(str[::2])
12  # 反転させる
13  print(str[::-1])
```

このプログラムを実行すると次のような実行結果が得られます。

● **実行結果**

```
str = Hello Python
str[0:5] = Hello
str[6:] = Python
str[::2] = HloPto
str[::-1] = nohtyP olleH
```

では、個々の処理を見ていきましょう。

## ◎ 文字列のインデックスの構造

str という変数に「Hello Python」という文字列を代入した場合、次の図のように各文字にインデックスが振られます。全部で 12 文字ですから、先頭から 0、1、2…、10、11 というインデックスになります。また、末尾から先頭に向かってカウントすることもでき、この場合は、-1、-2、…、-12 となります。

● **str全体とインデックスの対応表**

| 0 | 1 | 2 | 3 | 4 | 5 | 6 | 7 | 8 | 9 | 10 | 11 |
|---|---|---|---|---|---|---|---|---|---|----|----|
| H | e | l | l | o |   | P | y | t | h | o | n |
| -12 | -11 | -10 | -9 | -8 | -7 | -6 | -5 | -4 | -3 | -2 | -1 |

## ◎ str[0:5]

str[0:5] とすると、最初の 0 番目から 4 番目までの部分の文字列が抜き出されます。最後のステップが省略されていますが、省略した場合のステップ数は 1 となります。その結果で得られる文字列は「Hello」となります。

| 0 | 1 | 2 | 3 | 4 | 5 | 6 | 7 | 8 | 9 | 10 | 11 |
|---|---|---|---|---|---|---|---|---|---|---|---|
| H | e | l | l | o |   | P | y | t | h | o | n |

### str[6:]

str[6:] とすると、6 番目以降の文字列が切り取られます。終了およびステップ数が省略されています。この場合、終了は最後の文字、ステップ数は 1 となります。その結果で得られる文字列は「Python」となります。

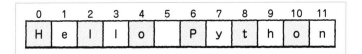

### str[::2]

str[::2] とすると、開始と終了が省略されているのでスタートは 0、終了は末尾となります。ステップ数のみ 2 と指定されているので、最初から最後まで 2 刻みで文字が取得されます。その結果で得られる文字列は「HloPto」となります。

| 0 | 1 | 2 | 3 | 4 | 5 | 6 | 7 | 8 | 9 | 10 | 11 |
|---|---|---|---|---|---|---|---|---|---|---|---|
| H | e | l | l | o |   | P | y | t | h | o | n |

### str[::-1]

str[::-1] とすると、ステップ数が -1 になるので、**向きが逆向き**になります。最初と最後が省略されているので、最後から最初まで逆向きとなった文字列が得られます。その結果で得られる文字列は「nohtyP olleH」となります。

最後から 1 ステップずつ

## ● リストとスライス

今度はまったく同じスライスの処理を、リストに施してみましょう。次のサンプル
は、1 から 11 までの数値のリストを Sample7-1 とまったく同じ方法でスライスした
方法です。

**Sample7-2（slice-sample2.py）**
```
01  # リストのスライス
02  l = [n for n in range(1,11+1)]
03  # オリジナルのリストを表示
04  print("l={}".format(l))
05  # 0～5の手前まで
06  print("l[0:5]={}".format(l[0:5]))
07  # 6～最後まで
08  print("l[6:]={}".format(l[6:]))
09  # 2文字ずつ
10  print("l[::2]={}".format(l[::2]))
11  # 反転させる
12  print("l[::-1]={}".format(l[::-1]))
```

このプログラムを実行すると次のような実行結果が得られます。

● 実行結果
```
l=[1, 2, 3, 4, 5, 6, 7, 8, 9, 10, 11]
l[0:5]=[1, 2, 3, 4, 5]
l[6:]=[7, 8, 9, 10, 11]
l[::2]=[1, 3, 5, 7, 9, 11]
l[::-1]=[11, 10, 9, 8, 7, 6, 5, 4, 3, 2, 1]
```

得られる内容は文字列から数値に変わりましたが、Sample7-1 の実行結果を照らし
合わせてみると、まったく同じ方法でスライスされていることがわかります。

### ◎ in と not in
文字列の比較でしばしば用いられる in や not in も、シーケンス全体に適用できま
す。リストの中に特定の成分が含まれるかどうかを調べるサンプルを以下に示します。

**Sample7-3（in-notin-sample.py）**

```
01  # in
02  mylist = ["A", "B", "C", "D", "E"]
03  # "B"がmylistに含まれているかどうかを確認
04  print("B" in mylist)
05  # "G"がmylistに含まれているかどうかを確認
06  print("G" in mylist)
07  # "A"がmylistに含まれていいないことを確認
08  print("A" not in mylist)
09  # "G"がmylistに含まれていいないことを確認
10  print("G" not in mylist)
```

● **実行結果**

```
True
False
False
True
```

　4行目〜6行目は、in を使って、"B" および "G" が、mylist の中に含まれているかどうかを確認しています。"B" は含まれているので「True」、"G" は含まれていないので「False」が返されます。

　それに対し、7行目〜10行目では、not in を使って、"A" および "G" が mylist の中に含まれていないことを確認します。"A" は含まれているので「False」、"G" は含まれていないので「True」という、in とは逆の結果を得ることができます。

 **ライブラリの活用**

- Python にもともと用意されているライブラリを活用する
- itertools モジュールで多重ループを最適化する
- 乱数のモジュール random の使い方を学ぶ

## ライブラリを活用する

第 6 章でモジュールやパッケージを作成して読み込む方法について説明しましたが、もともと Python には便利なパッケージが用意されており、これらをライブラリと呼びます。ここではその活用方法について学習していくことにします。代表的なライブラリとその利用例を紹介していきましょう。

ライブラリを使う方法は、すでに説明したモジュールやパッケージを使う方法と同じで、ライブラリを使用する前に以下の書式で読み込み処理を行います。

● **ライブラリを読み込む書式**

```
import ライブラリ名
```

## itertools

最初に紹介するのは、itertools というモジュールです。このモジュールを利用すると、効率的なループ処理を記述できます。

### ◎ (1) itertoolsの活用

次のサンプルを入力し実行してみてください。

● **Sample7-4（lib-sample1.py）**

```
01  import itertools
02  # 2つのリストを用意
03  list1 = [1, 2, 3]
04  list2 = ['X', 'Y', 'Z']
```

```
05  # list1とlist2の組み合わせをすべて表示
06  for v in itertools.product(list1, list2):
07      print(v)
```

1行目の「import itertools」で、itertools というモジュールを読み出します。itertools の product 関数を利用すると、複数のリストの要素に対して、すべての組み合わせをタプルで取り出すことができます。Sample7-3 の実行結果は次のようになります。

● 実行結果

```
(1, 'X')
(1, 'Y')
(1, 'Z')
(2, 'X')
(2, 'Y')
(2, 'Z')
(3, 'X')
(3, 'Y')
(3, 'Z')
```

実行結果からわかるとおり、list1、list2 のそれぞれのリストの要素をすべて組み合わせたものです。

## ◎ (2)多重ループの効率化

product 関数を活用すると、for 文 1 つで多重ループを記述できます。次のサンプルは九九の表を作るサンプルです。九九を作る方法についてはすでに 4 日目で学びましたが、while 文もしくは for 文で二重ループを作る必要がありました。しかし、product 関数を使うと、for が 1 つで多重ループを作ることができます。

**Sample7-5（lib-sample2.py）**

```
01  import itertools
02
03  # 九九の表を作る
04  for n1,n2 in itertools.product(range(1,10), range(1,10)):
05      print("{}×{}={:2} ".format(n1,n2,n1*n2),end="")
06      # n2が9なら改行
07      if(n2 == 9):
08          print()
```

ここでは 1 から 9 までの整数の範囲である range(1,10) を product で組み合わせて、九九のすべての数値の組み合わせを作り出しています。今回は n1,n2 と 2 つの変数

を指定することにより、タプルでなく n1,n2 という 2 つの変数にそれぞれの数値の組み合わせが入ります。

実行すると結果は次のようになります。

● 実行結果

```
1×1= 1 1×2= 2 1×3= 3 1×4= 4 1×5= 5 1×6= 6 1×7= 7 1×8= 8 1×9= 9
2×1= 2 2×2= 4 2×3= 6 2×4= 8 2×5=10 2×6=12 2×7=14 2×8=16 2×9=18
3×1= 3 3×2= 6 3×3= 9 3×4=12 3×5=15 3×6=18 3×7=21 3×8=24 3×9=27
4×1= 4 4×2= 8 4×3=12 4×4=16 4×5=20 4×6=24 4×7=28 4×8=32 4×9=36
5×1= 5 5×2=10 5×3=15 5×4=20 5×5=25 5×6=30 5×7=35 5×8=40 5×9=45
6×1= 6 6×2=12 6×3=18 6×4=24 6×5=30 6×6=36 6×7=42 6×8=48 6×9=54
7×1= 7 7×2=14 7×3=21 7×4=28 7×5=35 7×6=42 7×7=49 7×8=56 7×9=63
8×1= 8 8×2=16 8×3=24 8×4=32 8×5=40 8×6=48 8×7=56 8×8=64 8×9=72
9×1= 9 9×2=18 9×3=27 9×4=36 9×5=45 9×6=54 9×7=63 9×8=72 9×9=81
```

読みやすくするために、7 ～ 8 行目で n2 が 9 のときに改行処理を行っています。

**重要**　Python で多重ループを作る場合、for および while のネストよりも itertools を使って単一のループに最適化したほうがよいとされています。

## 乱数

乱数（らんすう）とは、サイコロを振ったときに出る目のような、規則性がなく予測不能な数値のことを指します。Python の乱数関連の関数は、random モジュールに含まれています。

### ●random関数

まずは、最も単純な関数である random 関数を紹介します。random 関数は 0.0 から 1.0 までの間のランダムな小数を発生させます。

次のサンプルは、for 文ループを使って乱数を 10 回発生させるものです。

**Sample7-6（lib-sample3.py）**
```
01 import random
02
03 # 0.0から1.0の間の乱数を10個発生させる
04 for i in range(10):
```

```
05     # 乱数を表示させる
06     print(random.random())
```

実行結果は次のようになります。実行するとランダムな数が羅列されていることがわかります。試しに何度か実行してみてください。そのたびに違った値が表示されます。

● 実行結果

```
0.9289637139819377
0.3630819071869281
0.7476654656111997
0.5316382181538785
0.12386277516295296
0.08323403263931772
0.48969956487560906
0.44094978856926303
0.9109495739887241
0.4050783641755943
```

### ◉ randint関数

randomモジュールにはいくつか関数が存在しますが、使用頻度が最も高いものの1つに randint関数 があります。この関数は指定した範囲の乱数を発生させます。

● randint関数の書式

```
random.randint(最小値,最大値)
```

試しに、1から6までの乱数を発生させるサンプルを作ってみましょう。

**Sample7-7（lib-sample4.py）**
```
01 import random
02
03 # 1から16の間の乱数を10個発生させる
04 for i in range(10):
05     # 乱数を表示させる
06     print(random.randint(1,6),end=" ")
07 print()
```

● 実行結果

```
6 4 2 4 5 1 2 2 5 1
```

269

## ◎ shuffle関数

randomモジュールの中には、乱数を発生させるだけではなく、リストの順序をシャッフルさせるshuffle関数があります。このメソッドを使うと、トランプのカードをシャッフルするように、リストの順序をシャッフルさせることが可能です。

**Sample7-8（lib-sample5.py）**

```
01  import random
02
03  # 1～10までのリストを作る
04  l = [n for n in range(1,11)]
05  print("シャッフル前のリスト{}".format(l))
06
07  # リストをシャッフルして表示する
08  random.shuffle(l)
09  print("シャッフル後のリスト{}".format(l))
```

● 実行結果

```
シャッフル前のリスト[1, 2, 3, 4, 5, 6, 7, 8, 9, 10]
シャッフル後のリスト[4, 5, 3, 6, 7, 2, 1, 9, 10, 8]
```

内包表現を使って作成した1〜10のリストが、shuffle関数によってシャッフルされたことがわかります。シャッフルの結果は実行するたびに変わります。

# -3 pip とサードパーティのライブラリ

POINT

- pip コマンドの概要を理解する
- pip でのライブラリのインストール方法を学ぶ
- 有名なサードパーティライブラリを使ってみる

## ● サードパーティライブラリを活用する

Python のライブラリには、Python が公式に配布しているものと、サードパーティが配布しているものとで、大きく 2 つに分けられます。前節ではライブラリを「import」で読み込んで使用する方法を説明しました。しかし、サードパーティによって作られたライブラリを使う場合は、import で読み込む前にインストールする必要があります。

Python のサードパーティのライブラリは「PyPI」という Python の公式サイトで配布されています。

**● PyPI**
https://pypi.org/

ここに登録されているライブラリを利用する際は、わざわざ Web サイトからダウンロードする必要はありません。Python に付属する **pip** というコマンドでインストールできます。

271

参考
PyPiでは、自分で作ったパッケージもここへ登録して公開することができます。

## pip コマンド

Pythonにサードパーティのライブラリをインストールする際に利用するのが **pip コマンド**です。pip は "Pip Installs Packages" または "Pip Installs Python" の略で、Pythonで書かれたパッケージソフトウェアをインストール・管理するためのパッケージ管理システムです。

このコマンドは Python のシェルではなく、OS のシェル（Windows ならコマンドプロンプトや PowerShell、macOS や Linux ではターミナルなど）の上で実行します。

使用方法は次のようになります。

● **pipの書式**
```
pip（オプション）（ライブラリ名）
```

このように pip コマンドの後にオプションを付けることによりさまざまな操作が行われます。

### pipのバージョンの確認

VSCode では、下部のターミナルで直接 pip コマンドを実行することができます。

● **VSCodeのターミナルでpipコマンドを実行**

```
問題   出力   デバッグ コンソール   ターミナル

PS C:\Users\shift\Documents\Python> pip -V
```

まずは、一番簡単なバージョンの確認を行ってみましょう。

● **pipのバージョンの確認**
```
pip -V
```

pipコマンドの後に「-V」を付けることで、現在使用しているpipのバージョンを確認することができます。

なお、「V」は大文字なので間違わないようにしましょう。

- 実行例

```
pip 19.0.3 from c:\users\shift\appdata\local\programs\python\
python37\lib\site-packages\pip (python 3.7)
```

### ◎ インストールされているパッケージの確認

次にインストールされているパッケージの確認をしてみましょう。パッケージのコマンドは次のように入力して行ってください。

- **pip**でインストールされたパッケージの確認

```
python -m pip freeze
```

- 実行結果

```
astroid==2.3.2
colorama==0.4.1
isort==4.3.21
lazy-object-proxy==1.4.3
mccabe==0.6.1
pylint==2.4.3
six==1.12.0
typed-ast==1.4.0
wrapt==1.11.2
```

以上のように、結果は**パッケージ名 == バージョン名**という形式で表示されます。

### ◎ ライブラリのインストール

ではいよいよpipを使ってライブラリをインストールしてみましょう。今回は、numpyというライブラリをインストールしてみます。numpyは数学関連のライブラリで、詳しい使い方は後ほど説明します。

pipを使ってパッケージをインストールする方法は次のとおりです。

- パッケージのインストール

```
pip install (パッケージ名)
```

では、実際に numpy をインストールしてみましょう。

● **numpyのインストール**

```
pip install numpy
```

● **実行結果**

```
Collecting numpy
  Downloading https://files.pythonhosted.org/packages/34/40/c6eae19
892551ff91bdb15f884fef2d42d6f58da55ab18fa540851b48a32/numpy-1.17.4-
cp37-cp37m-win_amd64.whl (12.7MB)
    100% |██████████████████████████████████████|
| 12.7MB 2.9MB/s
Installing collected packages: numpy
Successfully installed numpy-1.17.4
You are using pip version 19.0.3, however version 19.3.1 is
available.
You should consider upgrading via the 'python -m pip install
--upgrade pip' command.
```

インストールが完了した後で再び「pip freeze」を実行すると、numpy がインストールされていることが確認できます。

● **numpyがインストールされたことの確認**

```
PS C:\Users\shift\Documents\Python> pip freeze
（中略）
numpy==1.17.4
（中略）
wrapt==1.11.2
```

## ◉ ライブラリのアンインストール

続いては、ライブラリのアンインストール方法を紹介します。ライブラリのアンインストールは次のように行います。

● パッケージのアンインストール

```
pip uninstall (パッケージ名)
```

したがって、numpy をアンインストールする処理は次のようになります。

● **numpyのアンインストール**

```
pip uninstall numpy
```

このコマンドを実行すると numpy のアンインストールが始まります。途中で、「Proceed (y/n)? 」訪ねてくるので、これで y と入力し Enter キーを押すと、アンインストールを実行します。

● **実行結果**

```
Uninstalling numpy-1.17.4:
  Would remove:
    c:\users\shift\appdata\local\programs\python\python37\lib\site-
packages\numpy-1.17.4.dist-info\*
    c:\users\shift\appdata\local\programs\python\python37\lib\site-
packages\numpy\*
    c:\users\shift\appdata\local\programs\python\python37\scripts\
f2py.exe
Proceed (y/n)? y                 #←「y」と入力し Enter キーを押す
  Successfully uninstalled numpy-1.17.4
```

なお、確認なしでアンインストールをするには「pip uninstall -y numpy」といったように、「-y」オプションを付けてください。

## ◉ 特定のバージョンのパッケージのインストール

互換性などの問題で、最新ではなく特定の古いバージョンのパッケージが必要となることもあります。その場合は、バージョンを指定してインストールします。例えば、numpy のバージョン 1.14.2 をインストールするには以下のように入力します。

● **numpyの1.14.2をインストール**

```
pip install 'numpy==1.14.2'
```

## ◉ パッケージのアップデート

最後にパッケージのアップデートの方法を説明します。アップデートにより、パッケージを最新版にすることができます。書式は次のとおりになります。

● **パッケージのアップデート**

```
pip install --upgrade [パッケージ名]
```

これを使って numpy をアップデートしてみましょう。

● **numpyのアップデート**

```
pip install --upgrade numpy
```

次のようなメッセージが表示されて、numpy が最新版にアップデートされます。

● **実行結果**

```
Collecting numpy
Using cached https://files.pythonhosted.org/packages/34/40/c6eae198
92551ff91bdb15f884fef2d42d6f58da55ab18fa540851b48a32/numpy-1.17.4-
cp37-cp37m-win_amd64.whl
Installing collected packages: numpy
Successfully installed numpy-1.17.4
You are using pip version 19.0.3, however version 19.3.1 is
available.
You should consider upgrading via the 'python -m pip install
--upgrade pip' command.
```

ところで、この中に「You are using pip version 19.0.3, however version 19.3.1 is available.」というメッセージが表示されています。これは、現在使っている pip のバージョンが最新版ではなく、最新版を入手可能であるということを告げたメッセージです。

実は pip もこの方法でアップデートすることができます。以下のコマンドを実行し、pip を最新版にアップデートしてください。

● **pipのアップデート**

```
pip install --upgrade pip
```

実行後、あらためて「pip -V」を入力すると、pip のバージョンがアップデートされていることが確認できます。

**注意**　pip のバージョンが古いと、パッケージのインストールがうまくいかない場合があります。そのため pip を使う際には、あらかじめ最新版にアップデートしておきましょう。

# numpy のサンプル

　せっかく numpy をインストールしたので、実際に使ってみましょう。すでに紹介したとおり、numpy は数学関連のライブラリです。Python の標準ライブラリではありませんが、使用頻度が高いため、準標準ライブラリのような扱いをされています。ここでは簡単なサンプルをいくつか紹介し、numpy の使い方を紹介します。

### ◉ ベクトルの演算

　手始めにベクトルの演算を紹介します。以下のサンプルを入力して実行してみてください。

**Sample7-9**（**numpy-sample1.py**）
```
01 import numpy as np
02
03 # ベクトルv1、v2
04 vec1 = np.array([1.0,2.0,3.0])
05 vec2 = np.array([4.0,5.0,6.0])
06 # ベクトルの表示
07 print("vec1={} vec2={}".format(vec1,vec2))
08 print("v1 + v2 = {}".format(vec1 + vec2))
09 print("v1 - v2 = {}".format(vec1 - vec2))
10 print("2.0 * v1 = {}".format(2.0 * vec1))
```

● 実行結果
```
vec1=[1. 2. 3.] vec2=[4. 5. 6.]
v1 + v2 = [5. 7. 9.]
v1 - v2 = [-3. -3. -3.]
2.0 * v1 = [2. 4. 6.]
```

　最初の行で「import numpy as np」という処理をしていますが、これは numpy をインストールするとともに、その名前を「np」で記述できるようにしています。

　もしも「import numpy」だけであった場合、numpy の関数を利用する際には「numpy.関数名」といった記述になりますが、何度も入力するには長いので、後ろに「as np」と付けることで、「**np.関数名**」という名前で呼び出すことができます。

　このように、「as」と付けて名前を省略する方法のことを**エイリアス**といい、numpy では慣習的に np に名前を変更します。

　np.array を使うとベクトルや行列の成分を表すことができます。リストを使ってベクトルを定義できます。このサンプルでは v1、v2 という 2 つの 3 次元ベクトルを定

義し、その加算・減算・スカラー倍の処理を行っています。

このようにnumpyを利用すると簡単にベクトルや行列の演算を行うことが可能です。

## ◉ 三角関数

次に三角関数を使う例を紹介しましょう。

**Sample7-10（numpy-sample2.py）**

```
01 import numpy as np
02
03 # 角度を30°に設定
04 angle = 30
05 # 角度をラジアンに変換
06 rad = np.radians(angle)
07
08 print("cos{}°={}".format(angle,np.cos(rad)))
09 print("sin{}°={}".format(angle,np.sin(rad)))
10 print("tan{}°={}".format(angle,np.tan(rad)))
```

● 実行結果

```
cos30°=0.8660254037844387
sin30°=0.49999999999999994
tan30°=0.5773502691896257
```

コサイン、サイン、タンジェントは、それぞれ、np.cos、np.sin、np.tan となります。ただし角度の単位はラジアンで指定しなくてはならないので、このサンプルでは角度をラジアンに変換しています。

この際、利用するのが、6行目にある np.radians 関数です。この関数を利用すると、角度をラジアンに変換することができます。

python にはもともと計算用の math ライブラリがあり、三角関数の処理は math ライブラリでもできますが、numpy は大変強力なライブラリであることから、数値計算の際にはこのライブラリを用いることが多くなっています。

## ◉ 累乗・平方根

最後に累乗・平方根の計算を紹介します。

**Sample7-11（numpy-sample3.py）**

```
01  import numpy as np
02
03  # 2の5乗
04  res1 = np.power(2,5)
05  print("2の5乗={}".format(res1))
06  # 2の平方根
07  res2 = np.sqrt(2)
08  print("2の平方根={}".format(res2))
```

累乗の計算には np.power 関数を使います。m の n 乗は np.power(m,n) で得られます。また、平方根は np.sqrt 関数で求められます。

● 実行結果

```
2の5乗=32
2の平方根=1.4142135623730951
```

numpy にはこのほかにもさまざまな使用方法があります。必要に応じていろいろ調べてみて使ってみるとおもしろいでしょう。

# 1-4 例外処理

POINT

- 例外処理の概念を理解する
- 例外処理の記述方法について学ぶ

## 例外処理

**例外処理（れいがいしょり）**とは、例外が発生したときに対処する処理です。通常、例外が発生した場合、メッセージが表示されプログラムは異常終了します。しかし、例外処理が記述されていると、例外が発生した場合でも適切な対処を行って、エラーを発生させずにプログラムを実行させることができます。

例外処理の書式は次のようになります。

● 例外処理の書式

```
try:
    処理
except 例外の種類:
    例外処理
```

try ～ except の間の処理で、except に記述した例外が発生した場合は、例外処理が実行されます。例外処理の例をいくつか紹介しましょう。

### ◎ ゼロでの割り算の例外

ゼロでの割り算を行うと、**ZeroDivisionError** という例外が発生します。この例外が発生した場合の例外処理のサンプルを見てみましょう。

**Sample7-12**（exception-sample1.py）

```
01  for i in range(0,3):
02      try:
03          a = 10
04          b = a / i
05          print("{} ÷ {} = {}".format(a,i,b))
06      except ZeroDivisionError:
```

```
07      # ゼロでの割り算を行った場合の例外
08      print("0での割り算はできません")
```

　このサンプルでは for 文で i を 0 から 2 まで変化させています。10 を i で割っていますが、最初 i は 0 なので、例外 ZeroDivisionError が発生します。通常ならここでプログラムが異常終了しますが、例外処理が記述されているので「0 での割り算はできません」と表示され、プログラムは続行され最後まで実行されます。

● 実行結果
```
0での割り算はできません
10 ÷ 1 = 10.0
10 ÷ 2 = 5.0
```

### ◎ 型変換のエラー

　続いて、型変換のエラーの例を紹介します。例えば、int 関数で文字列を整数に変換する際に、整数に変換できない値があると、ValueError という例外が発生します。

**Sample7-13（exception-sample2.py）**
```
01 l = ["123" , "abc" , "-12"]
02
03 for value in l:
04     try:
05         # リストから取り出した値を整数に変換し表示する
06         num = int(value)
07         print(num)
08     except ValueError:
09         # 値の変換に失敗
10         print("{}は整数に変換できません".format(value))
```

● 実行結果
```
123
abcは整数に変換できません
-12
```

　リスト l には 3 つの値が入っており、このうち "123" と "-12" は int で整数への変換が可能ですが、"abc" だけは整数に変換できません。そのため ValueError が発生します。ここでは例外処理が記述されているため、「abc は整数に変換できません」と表示して、プログラムは続行します。

## ◉ 複数の例外への対応

1つの処理で発生する例外が1種類とは限りません。その場合、exceptを複数記述することにより、発生する例外に応じた例外処理を書き分けることができます。

**Sample7-14**（**exception-sample3.py**）

```
01  l = ["123" , "abc" , "4" ,"0"]
02
03  for value in l:
04      try:
05          # リストから取り出した値を整数に変換し表示する
06          num = int(value)
07          # 取り出した数で10を割る
08          print("10 ÷ {} = {}".format(num,10 // num))
09      except ZeroDivisionError:
10          print("ゼロで割り算はできません")
11      except ValueError:
12          # 値の変換に失敗
13          print("{}は整数に変換できません".format(value))
```

● 実行結果

```
10 ÷ 123 = 0
abcは整数に変換できません
10 ÷ 4 = 2
ゼロで割り算はできません
```

# 2 簡易ポーカーを作る

- 今までの知識のまとめとしてゲームプログラムにチャレンジする
- 簡易ポーカーゲームを通して今までの学習内容を復習する
- プログラムを改良しながら実力を付けていく

## 2-1 簡易ポーカーの概要

**POINT**

- プログラム全体の流れを理解する
- 今までの学習では出てこなかった新しい項目も学ぶ

### ● 長めのプログラムを作ってみる

ここまでは Python の文法の基本と簡単な使い方を学ぶことが主な内容でした。し
かし、それだけではおもしろくありません。そこで、最後に今までの学習内容の集大
成として**簡易ポーカーゲーム**を作ってみましょう。

テキストのみで結果を表示するので、皆さんが普段スマートフォンやゲーム専用機
などで楽しんでいるゲームに比べたら、とても地味でシンプルなものに映るかもしれ
ません。しかし、今までの学習内容を復習し、このプログラムの内容を理解し、自分
なりに改良やアレンジができたら、おそらくそれは誰かが作ってくれたゲームで遊ぶ
以上の喜びをあなたに与えてくれることでしょう。

プログラムを入力・実行し、内容を理解するまでの道のりは困難なものですが、こ
の後の説明とソースコードを繰り返しじっくりと読み込み、それをもとに自分なりの
アレンジをすることで、真の実力を身に付けてください！

## ● ゲームのルール

はじめに、ゲームのルールを紹介します。このゲームは1人プレイ用のポーカーゲームです。ゲームを開始すると、あらかじめシャッフルされたトランプのカードの山から5枚のカードがプレイヤーのカードとして配られます。

プレイヤーはそのうち3回までカード交換を行うことができます。最後に残ったカードに役ができていた場合、その役に応じて得点を得て、ゲームを終了します。

全体の流れは次のようになります。

### ◉ (1) 最初の5枚の手札を得る

ゲームを開始すると、最初の手札の5枚が表示されます。手札の上には1～5の番号が振られています。

● ポーカーゲーム実行時の画面

```
1回目
    1     2     3     4     5
[♣ 5]  [♦ 5]  [♥ 8]  [♥10]  [♦ K]
カード選択:(1-5)  選択完了(0)  終了（e）:
```

カードが表示された後に、入力待ち状態になります。入力できる項目は、カードの選択（1～5）、選択完了（0）、終了（e）です。それ以外の入力は無視されます。

### ◉ (2) 入れ替えるカードの選択

1～5の番号を入力して Enter キーを押すと、その番号に * マークがつきます。これは、捨てるカードとして選択されたことを意味します。また、すでに * マークが付いている番号をもう一度入力すると、マークが消え、選択が解除されます。

● カードを選択した状態

```
1回目
   *1     2     3     4     5
[♣ 5]  [♦ 5]  [♥ 8]  [♥10]  [♦ K]
カード選択:(1-5)  選択完了(0)  終了 （e）:
```

捨てるカードは複数枚選択可能です。

・ **カードが複数選択された状態**

```
1回目
      1       2      *3      *4      *5
[♣ 5]  [♦ 5]  [♥ 8]  [♥10]  [♦ K]
カード選択:(1-5)  選択完了(0)  終了 (e) :
```

カードの選択および選択解除は何度でも行うことができます。少しでもよい役で上がるために慎重に選びましょう。

## ◎ (3) カードの入れ替え・終了

入れ替えるカードの選択が済んだら、「0」を入力すると次のターンに進みます。選択したカードは捨てられて、代わりにカードの山から捨てた分だけ新しいカードが補充されます。

同様の処理を3回繰り返すことができます。また、途中で役が完成した場合は「e」を入力するとゲームを終了することができます。

・ **2ターン目に入った状態**

```
2回目
      1       2       3       4       5
[♣ 5]  [♦ 5]  [♣ 6]  [♣ 7]  [♣ 8]
カード選択:(1-5)  選択完了(0)  終了 (e) :
```

最初のターンと同様に、入れ替えるカードを選んでください。途中で終了しない限りこの処理が3回続きます。

## ◎ (4) ゲームの終了

カードの入れ替えを3回行うか、途中で「e」が入力されるとゲームが終了します。残ったカードから、役の名前と得点が表示されます。

・ **ゲームの終了**

```
ゲーム終了
      1       2       3       4       5
[♥ 4]  [♣ 5]  [♦ 5]  [♣ 7]  [♣ 9]
ワン・ペア  score:100
```

なお、役と内容は得点が高い順に次のようになっています。

● ポーカーの役と得点（強い順）

| 役の名前 | 概要 |
|---|---|
| ロイヤル・ストレート・フラッシュ | 同種のカードで数字が10・J・Q・K・Aとなったもの |
| ストレート・フラッシュ | 同種のカードで数字が順番に並んでいるもの |
| フォー・カード | 同じ数値のカードが4枚そろったもの |
| フルハウス | 同じ数値のカードの3枚と、2枚の組のもの |
| フラッシュ | 同種のカードが5枚そろったもの |
| ストレート | 種類に関係なく、5枚のカードの数字が続いているもの |
| スリーカード | 同じ数値のカードが3枚そろったもの |
| ツー・ペア | 2枚ずつの同じ数値の組み合わせが2組あるもの |
| ワン・ペア | 同じ数値の組み合わせのカードが2枚そろったもの |

なお、役の名前および概要については、任天堂のホームページを参考にしました。

● 任天堂のホームページ（ポーカーのルール）

https://www.nintendo.co.jp/others/playing_cards/howtoplay/poker/index.html

## これまでに説明していない Python の関数やルール

簡易ポーカーでは、これまでの章で解説していない関数やルールをいくつか使っているので、先に説明します。

### (1) 画面のクリア

何らかの処理をするたびに画面がクリアされますが、これは次の関数の処理によるものです。

```
os.system('cls')
```

これは OS の画面クリアの機能を利用するというものです。これを利用するためには、os モジュールのインポートが必要なので、プログラムの冒頭に

```
import os
```

が必要となります。

## ◉(2) メイン処理

Python ではこのゲームのプログラムのように長いスクリプトファイルを実行する場合、メイン処理の手前では以下のように記述します。

```
if __name__ == "__main__":
```

詳細の説明は省略しますが、これは「ここから先にプログラムのメインの処理が記述されています」という意味の「呪文」のようなものだと理解してください。

この処理がなくてもプログラムの実行は可能ですが、この処理を入れることによりプログラムの可読性が上がるという効果も期待できます。

## 2-2 簡易ポーカーのソースコードを見る

POINT

- 1つのプログラムがどのようにして成り立っているのかを理解する
- プログラム全体の流れを把握する
- 個々の関数の意味を理解する

### サンプルプログラムの全体像

　ソースコードをいくつかに分割して紹介します。実際に入力することから身に付く ものもありますが、かなり長いので、サンプルファイルをダウンロードしてもかまい ません（P. 2 参照）。

### カードの基本的な処理を行う関数

　はじめに定義されているのが、トランプカードの基本的な処理を行う関数です。そ のために4種類の関数が使われているので、それぞれの意味と使い方を紹介します。

**poker_game.py**（〜32行）

```
01  import random
02  import itertools
03  import os
04
05  # カードの山から指定した枚数をとる
06  def take(cards,num):
07      # 手札をnum枚取る
08      hand = cards[:num]
09      # num枚目以降を残りのカードとする
10      cards = cards[num:]
11      return hand,cards
12
13  # カードの種類の取得
14  def get_kind(index):
15      kind = ["♠" ,"♥", "♣", "♦"]
16      return kind[index - 1]
17
```

```
18   # 数字の種類の取得
19   def get_num(index):
20       nums = ["2","3","4","5","6","7","8","9","10","J","Q","K",
     "A"]
21       return nums[index - 1]
22
23   # 手札を小さい順に並べ替え
24   def sort_card(hand):
25       for i in range(0,4):
26           for j in range(i+1,5):
27               if hand[i]["num"] > hand[j]["num"]:
28                   tmp = hand[j]
29                   hand[j] = hand[i]
30                   hand[i] = tmp
31       return hand
32
```

### ◉ (1) take関数

| 処理の概要 | カードの山から指定した枚数のカードを取り出す |
|---|---|
| 引数 | cards（トランプのカードの山）、num（取り出すカードの数） |
| 戻り値 | hand（取り出したカード）、cards（残りのカード） |

　カードの山（cards）から、num ごとのカードを取り出します。山からは取り出したカードが消去されます。戻り値としては取り出したカードと、残りの山が取得できます。

### ◉ (2) get_kind関数

| 処理の概要 | カードの種類のインデックス（0〜3）から、トランプのカードの記号（スペード・ハート・クローバー・ダイヤ）の記号を返す |
|---|---|
| 引数 | index（カードの種類の番号） |
| 戻り値 | カードの記号（文字列） |

### ◉ (3) get_num関数

| 処理の概要 | カードの数値のインデックス（0〜12）から、トランプの数値の記号を返す |
|---|---|
| 引数 | index（カードの数値の番号） |
| 戻り値 | カードの番号の記号（文字列） |

7日目
覚えておきたい知識と総まとめ

289

数値は小さい順から 2、3、4、…、10、J、Q、K、A となっています。これはポーカーの強さの順に並んでおり、実際の数値とは意味が異なるので注意が必要です。

### ◎ (4) sort_card関数

| 処理の概要 | プレイヤーがカードを見やすいように、手札を小さい順に並べ替える |
|---|---|
| 引数 | hand（ソート前の手札） |
| 戻り値 | ソート後の手札 |

## ● ポーカーの基本操作をする関数

ポーカーの基本的な処理を行う関数です。最初の 5 枚のカードを配るところから、カードを入れ替えるところまでの処理を一通り行います。この中で (1) ～ (4) で紹介した関数を利用します。

**poker_game.py（33～88行）**

```
33  # ゲームの初期化
34  def init():
35      # トランプのカード
36      cards = [{"kind":kind,"num":num} for kind,num in itertools.
    product(range(1,4+1),range(1,13+1))]
37      # カードのシャッフル
38      random.shuffle(cards)
39      return take(cards,5)
40
41  # 手札の表示
42  def show_hand(hand,selects):
43      for i in range(1,5+1):
44          num_string = str(i)
45          if i in selects:
46              num_string = "*"+num_string
47          print("{:>5}  ".format(num_string),end="")
48      print()
49      for card in hand:
50          card_kind = get_kind(card["kind"])
51          card_number = get_num(card["num"])
52          print("[{}{:>2}] ".format(card_kind,card_number),end="
    ")
53      print()
54
55  # 手札から選んだカードを削除
```

```
56  def remove_card(hand,selects):
57      remove_cards = []
58      # 選択されたカードを選ぶ
59      for n in selects:
60          remove_cards.append(hand[n-1])
61      # 手札から選択されたカードを削除する
62      for card in remove_cards:
63          hand.remove(card)
64      return hand
65
66  # 入力処理
67  def input_data():
68      s = input("カード選択:(1-5)　選択完了(0)　終了(e):")
69      if s == "e":
70          return -1
71      try:
72          num = int(s)
73      except ValueError:
74          return -2
75      if num >= 0 and num <= 5:
76          return num
77      else:
78          return -2
79
80
81  # カードの選択
82  def select_card(selects,num):
83      if num in selects:
84          # 選ばれたカードの選択を解除
85          selects.remove(num)
86      else:
87          # 選択されていないカードであれば選択
88          selects.add(num)
89
```

## ◎ (5) init関数

| | |
|---|---|
| 処理の概要 | ゲームの初期化 |
| 引数 | なし |
| 戻り値 | ソート後の手札（hand）、残りのカードの山（cards） |

トランプのカードをシャッフルした後、take 関数を利用して最初の5枚を手札（hand）にします。

戻り値は手札と残りのカードになります。

### ◉ (6) show_hand関数

| 処理の概要 | 手札を表示する |
| --- | --- |
| 引数 | 手札（hand）、選択したカードの番号（selects） |
| 戻り値 | ソート後の手札（hand）、残りのカードの山（cards） |

hand の記号と数値のインデックスを、get_kind 関数および get_num 関数を使って文字列に変換して表示します。

### ◉ (7) remove_card関数

| 処理の概要 | 手札から選択したカードを捨てる |
| --- | --- |
| 引数 | 手札（hand）、選択したカードの番号（selects） |
| 戻り値 | 残った手札（hand） |

集合 selects に保存されている番号の手札をリスト hand から削除します。

### ◉ (8) input_data関数

| 処理の概要 | ユーザーのキーボード入力を受け付ける |
| --- | --- |
| 引数 | なし |
| 戻り値 | 整数値 |

0～5 の値が入力されればその値が、e が入力された場合は -1 が、無効な値の場合は -2 が返されます。

### ◉ (9) select_card関数

| 処理の概要 | カードを選択する |
| --- | --- |
| 引数 | 選択したカードのインデックス一覧（selects）、選択した数値（num） |
| 戻り値 | なし |

選択したカードのインデックスの一覧の中に選択した数値を追加します。

## ゲームのメインの処理をする関数

ゲームのメイン処理を行います。

**poker_game.py（90〜119行）**

```
90   # メインのゲーム処理
91   def game_main(turn,hand,cards):
92       # 捨てるカードの候補
93       selects = set()
94       # 捨てるカードの選択
95       while True:
96           os.system('cls')
97           print("{}回目".format(turn))
98           show_hand(hand,selects)
99           n = input_data()
100          if n >= 1 and n <= 5:
101              select_card(selects,n)
102          elif n == 0 or n == -1:
103              break
104          else:
105              continue
106      # 入れ替えるカードの枚数を取得
107      change_nums = len(selects)
108      print("change_nums:{}".format(change_nums))
109      # カードを削除する
110      remove_card(hand,selects)
111      # カードを追加する
112      hand_add,cards = take(cards,change_nums)
113      hand = hand + hand_add
114      # 手札の並べ替え
115      hand = sort_card(hand)
116      end_flag = False
117      if n == -1:
118          end_flag = True
119      return hand,cards,end_flag
120
```

### ◎ (10) game_main関数

| 処理の概要 | ゲームのメイン処理 |
|---|---|
| 引数 | ターン数（turn）、手札（hand）、残りのカードの山（cards） |
| 戻り値 | 手札（hand）、残りのカードの山（cards）、ゲーム終了フラグ（end_flag） |

　ゲームのメイン処理です。ターン数と手札の内容を表示し、ユーザーからの入力を受け付けます。入力内容によってはカードの入れ替えを行い、最後に並べ替えを行います。

## 役の判定をするのに必要な関数

　ツー・ペアやスリーカードなどのようなポーカーの役の判定を行ううえで必要となる関数を定義します。実際の判定は次に定義する関数内で行います。

**poker_game.py（121〜163行）**

```python
121  # フラッシュかどうかを調べる
122  def judge_flush(hand):
123      for i in range(4):
124          if hand[i]["kind"] != hand[i+1]["kind"]:
125              return False
126      return True
127
128  # ストレートかどうかを調べる
129  def judge_straight(hand):
130      for i in range(4):
131          if hand[i]["num"]+1 != hand[i+1]["num"]:
132              return False
133      return True
134
135  # カードの数値だけを取り出す
136  def get_only_numbers(hand):
137      numbers = []
138      # カードから数値だけをピックアップする
139      for card in hand:
140          numbers.append(card["num"])
141      return numbers
142
143  # 指定した数値の重複があるかどうかを調べる
144  def judge_same_card(hand,same_nums):
145      numbers = get_only_numbers(hand)
146      # カードの数値の重複の判定
147      for n in numbers:
148          # それぞれの数値のダブりをカウントする
149          if numbers.count(n) == same_nums:
150              return True
151      return False
152
```

```
153  # カード内のペアの数をカウントする
154  def get_pair_count(hand):
155      numbers = get_only_numbers(hand)
156      count = 0
157      # ペア数のカウント
158      for n in numbers:
159          # それぞれの数値のダブりをカウントする
160          if numbers.count(n) == 2:
161              count = count + 1
162      count //= 2
163      return count
164
```

### ◉ (11) judge_flush関数

| 処理の概要 | 手札がフラッシュかどうかを判定する |
|---|---|
| 引数 | 手札（hand） |
| 戻り値 | True/False |

### ◉ (12) judge_straight関数

| 処理の概要 | 手札がストレートかどうかを判定する |
|---|---|
| 引数 | 手札（hand） |
| 戻り値 | True/False |

### ◉ (13) get_only_numbers関数

| 処理の概要 | カードから数値のみを取り出し、リストとして返す |
|---|---|
| 引数 | 手札（hand） |
| 戻り値 | 数値のリスト |

　ストレートやフォーカードなど、数値の組み合わせを調べ、役を判定するときに使う関数です。

### ◉ (14) judge_same_card関数

| 処理の概要 | 指定した数値の重複があるかどうかを調べる |
|---|---|
| 引数 | 手札（hand）、同じ数値があることが期待される数（same_nums） |
| 戻り値 | True/False |

手札の中に指定した枚数の同じカードが存在するかを調べるときに使います。フォーカードなどの判定に利用します。

### (15) get_pair_count関数

| | |
|---|---|
| 処理の概要 | 指定した数値の重複があるかどうかを調べる |
| 引数 | 手札（hand） |
| 戻り値 | 数値 |

手札の中に何個のペアがあるかを調べます。ツー・ペアやワン・ペアの判定をするときに利用します。

## ● ゲームの終了処理を行う関数

ゲームの終了処理を行います。最後に手札の役を判定します。判定には(11)〜(15)の関数を利用します。

手札の判定は役の配点の高いものから順に判定していきます。

**poker_game.py（165〜214行）**

```
165  # ゲーム終了
166  def game_end(hand):
167      os.system('cls')
168      print("ゲーム終了")
169      # 手札の表示
170      show_hand(hand,[])
171      judge(hand)
172
173  # ゲームの判定
174  def judge(hand):
175      hand_name = "ブタ"
176      score = 0
177      # 役の判定
178      if hand[0]["num"] == 9 and hand[1]["num"]== 10 and hand[2]["num"] == 11 and hand[3]["num"] == 12 and hand[4]["num"] == 13 and judge_flush(hand):
179          # 同じ種類のカードで10、J、Q、K、Aと並んだらロイヤル・ストレート・フラッシュ
180          hand_name = "ロイヤル・ストレート・フラッシュ"
181          score = 10000
```

```
182     elif judge_straight(hand) and judge_flush(hand):
            # 同じ種類のカードでカードが連続していたらストレート・フラッ
183
   シュ
184         hand_name = "ストレート・フフッシュ"
185         score = 5000
186     elif judge_same_card(hand,4) == True:
187         # 同じ数値カードが4つあったら、フォーカード
188         hand_name = "フォーカード"
189         score = 2500
190     elif judge_same_card(hand,3) == True and judge_same_
   card(hand,2) == True:
191         # 同じカードの組み合わせが3枚と2枚であれば、フルハウス
192         hand_name = "フルハウス"
193         score = 2000
194     elif judge_flush(hand):
195         # カードの種類がすべて同じであればフラッシュ
196         hand_name = "フラッシュ"
197         score = 1500
198     elif judge_straight(hand):
199         # 番号が連続していればストレート
200         hand_name = "ストレート"
201         score = 1200
202     elif judge_same_card(hand,3) == True:
203         # 同じカードが3枚あればスリーカード
204         hand_name = "スリーカード"
205         score = 1000
206     elif get_pair_count(hand) == 2:
207         # ペアが2組あればツーペア
208         hand_name = "ツー・ペア"
209         score = 800
210     elif get_pair_count(hand) == 1:
211         # ペアが1組しかなければワン・ペア
212         hand_name = "ワン・ペア"
213         score = 100
214     print("{} score:{}".format(hand_name,score))
215
```

## ◎ (16) game_end関数

| 処理の概要 | ゲームの終了処理 |
|---|---|
| 引数 | 手札（hand） |
| 戻り値 | なし |

ゲームの終了処理です。できあがった役の名前とスコアが表示されます。

## ◉ (17) judge関数

| 処理の概要 | 役の判定とスコアを表示する |
| --- | --- |
| 引数 | 手札（hand） |
| 戻り値 | なし |

## プログラムのメインの処理を行う関数

プログラムのメインの処理です。初期化関数（init）を呼び出し、最大3回、ゲームのメインとなる処理（game_main）を呼び出し、最後に終了処理（game_end）を呼び出します。

**poker_game.py（216〜229行）**

```
216 # メインプログラム
217 def main():
218     # カードの初期化
219     hand,cards = init()
220     hand = sort_card(hand)
221     # ゲームプレイのループ
222     for i in range(1,3+1):
223         hand,cards,end_flag = game_main(i,hand,cards)
224         if end_flag == True:
225             break
226     game_end(hand)
227
228 if __name__ == "__main__":
229     main()
```

## ◉ (18) main関数

| | |
|---|---|
| 処理の概要 | ゲームのメイン処理 |
| 引数 | なし |
| 戻り値 | なし |

　初期化処理（init 関数）を実行した後、最大 3 回、game_main を実行します。3 回ループが終了するか、途中で game_main で得られた end_flag が True であれば、ゲームの終了処理（end_flag）を実行して処理を終了します。

　以上で説明は終了です。それぞれの関数が具体的にどのようにして説明のような処理をしているかは、皆さんがソースコードから読み取ってみてください。

## ◉ デバッガの活用

　簡易ポーカーゲームの動きや、各関数の動作を確認するのに便利なのが、デバッガを使う方法です。デバッグを使えば処理の流れを追うことができるばかりではなく、変数の値の変化も知ることができます。

　これらのツールを活用して、プログラムの処理内容を把握してみてください。

　最後に主要な関数の相関関係の処理の流れを簡単な流れにして図にしておきます。プログラムを解析する際にはこの図を参考にしてみてください。

● 主な関数のフロー

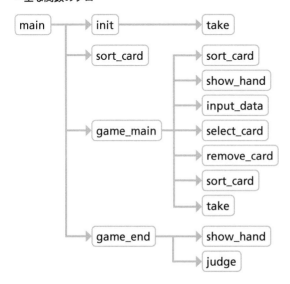

## ◉ プログラムの改造

　ある程度プログラムの流れがわかってきたら、自分でこのソースコードをいろいろ改造してみましょう。参考までに、さまざまな改造の方法と難易度を紹介します。

**①難易度★**

- ゲームの回数を複数回プレイできるようにする
- プレイヤー名を登録し、ハイスコアのランキングを表示する

**②難易度★★**

- スコアではなくコインをかける方式に変える
- 同じ役でも、手札の内容によってスコアを変える

**③難易度★★★**

- コンピュータと対戦するようにする
- グラフィックスで表示するゲームにする

　ここに紹介した方法は、あくまでも一例にすぎません。このほかにもおもしろいアイデアがあったら、どんどん盛り込んでみましょう。

　③に関しては、この本の知識だけでは不十分です。ネットや他の書籍などで調べながらチャレンジしてみてください。

　また、**改造したゲームは、自由にネットなどで発表していただいて結構です**。自分の学習のためにも、作ったゲームを自慢するためにも、どしどし改造にチャレンジしてみてください！

## まとめ

　ここまで一週間かけて Python でのプログラムの初歩を学んできました。Python にはこのほかにもクラスやデルタ関数など、重要な概念が数多く存在します。

　しかし、プログラムの初心者にとって一番大事なことは、知識の数を増やすことではなく、1つ1つの基本事項を確実に学習し、身に付けていくことです。

　おそらくプログラミングが初めてという読者の方には、この本には多くの難しい内容が存在したかと思います。しかし、あきらめずに何度もこの本を繰り返して学習して、それらをものにしてください。

　プログラミング習得までの道のりは長く険しいものではありますが、同時に楽しいものでもあります。目的地に到達するのも大事ですが、その途中での道草も大いに楽しみながら学習を進めてください。

7日目
覚えておきたい知識と総まとめ

# 練習問題の解答

# 第1章 Pythonとは何か

● ▶ 第1章の問題の解答です。

## 1-1 問題 1-1

順次処理・分岐処理・繰り返し処理

● 【解説】

すべてのコンピュータのプログラムは、理論上、この3つの処理で記述できるといわれています。

## 1-2 問題 1-2

インタープリタは、ソースコードを逐一マシン語に変換しながら実行する。コンパイラは、すべてのソースコードをマシン語に変換してから実行する。

● 【解説】

Python言語は、このうちインタープリタ型の言語に属します。

## 1-3 問題 1-3

(2)、(3)

● 【解説】

(1) は間違いです。VSCodeはPython以外のさまざまな言語でも使用可能です。また、ソースコードエディタであってIDE（統合開発環境）ではありません。

(4) は間違いです。VSCodeはマーケットプレースを通じてさまざまな拡張機能を手に入れることができます。

# 2 第2章　変数と関数

第 2 章の問題の解答です。

## 2-1 問題 2-1

• 【解説】

　数値を 3 回入力するので、最初に input 関数を 3 回使って整数をキーボードから入力させます。

　その値が入った変数 x、y、z をそれぞれ int 関数で a、b、c という整数の変数に変換し、これらの合計を変数 ans に代入して最後に結果を表示しています。

　計算結果を求めるのに変数 ans を使わずに最後の format の中に計算式を記述してもかまいません。

**prob2-1.py**
```
01  # 3つの数字を入力する
02  x = input("1つ目の数:")
03  y = input("2つ目の数:")
04  z = input("3つ目の数:")
05  # 計算結果を求める
06  a = int(x)
07  b = int(y)
08  c = int(z)
09  ans = a + b + c
10  # 結果を表示
11  print("{} + {} + {} = {}".format(a,b,c,ans))
```

## 2-2 問題 2-2

• 【解説】

　キーボードから名前と年齢を入力し、それを最後に print 関数で表示しています。

year は数字であるため format の中で int 変数を使って整数に変換して表示しています。

このプログラム自体は、実際にはこの値を使って計算などを行っているわけではないので、この int を省略しても結果は同じです。その場合、年齢のところに数値以外の値を入れても、そのまま表示されてしまいます。

**prob2-2.py**

```
01  # 年齢と名前を入力させる
02  name = input("名前:")
03  year = input("年齢:")
04  # 結果を表示する
05  print("{}さんは{}歳です。".format(name,int(year)))
```

 **問題 2-3**

• 【解説】

キーボードから入力した値を変数 x に入れ、float 関数で実数に変換します。それをもとに円周の長さ（l）と、面積（S）を計算しています。円周率はどちらの計算でも使うので、変数 PI に 3.14 を代入し、それぞれの式で使っています。

なお、Python では**円周率のように定数として繰り返し用いられる変数の名前は大文字にする**という慣習があります。

円の面積を求める公式は円周率×半径の二乗なので「PI*r**2」としていますが、「PI*r*r」としても同じ意味になるので、どちらを使ってもかまいません。

**prob2-3.py**

```
01  # 半径を入力する
02  x = input("半径(cm):")
03  # 入力された値を実数に変換する
04  r = float(x)
05  # 円周(l)と面積(s)を計算する
06  PI = 3.14
07  l = 2 * PI * r
08  s = PI * r ** 2
09  # 計算結果を表示する
10  print("円周の長さ:{}cm 面積:{}cm2".format(l,s))
```

# 第3章　条件分岐

第3章の問題の解答です。

## 3-1 問題 3-1

**【解説】**

キーボードから入力した整数を a、b に代入します。b が 0 の場合、0 の割り算が発生してしまうので、if 文が 0 の場合とそうでない場合の処理を記述します。

**prob3-1.py**
```
01  a = int(input("1つ目の整数:"))
02  b = int(input("2つ目の整数:"))
03
04  print("{} + {} = {}".format(a,b,a + b))
05  print("{} - {} = {}".format(a,b,a - b))
06  print("{} × {} = {}".format(a,b,a * b))
07  if b != 0:
08      print("{} ÷ {} = {} 余り {}".format(a,b,a // b,a % b))
09  else:
10      print("0での割り算はできません")
```

## 3-2 問題 3-2

**【解説】**

文字列の長さを変数 l に代入し、その範囲でメッセージを変えていきます。

0 文字より長く 5 文字未満の場合は、「l > 0」かつ「l < 5」であることから、「l > 0 and l < 5」となります。

同様に、5 文字以上 20 文字未満の場合は「l >= 5 and l < 20」となります。

20 文字以上の場合は「l >= 20」のみとなります。

文字列の長さは必ず 0 以上であることから、このどれにも該当しない場合は、lの値が 0 であることになります。そのため、その場合の処理は else で記述することになります。

**prob3-2.py**
```
01  #  文字列の入力
02  s = input("文字列を入力してください:")
03  # 文字列の長さを取得する
04  l = len(s)
05
06  if l > 0 and l < 5:
07      # 5文字未満
08      print("短い文章ですね")
09  elif l >= 5 and l < 20:
10      # 5文字以上20文字以下
11      print("中くらいの文章ですね")
12  elif l >= 20:
13      # 20文字以上
14      print("長い文章ですね")
15  else:
16      # 0文字
17      print("文章を入力してください")
```

## 3-3 問題 3-3

●【解説】

キーボードから年を入力させ、0 未満であれば「不適切な値です」と表示して終了します。そうでなければ、条件に応じて、入力した年が閏年か否かを判断します。

and は or に優先するので、まずは「year % 4 == 0 and year % 100 != 0」の判定を行います。これは 4 で割り切れて、100 で割り切れないということを意味します。この条件が成り立たない場合、or で指定されている「year % 400 == 0」の判定を行います。

例えば、西暦 2000 年は、4 でも割れますが、100 でも割り切れます。しかし、400 で割り切れるので閏年になります。また、1900 年は 400 では割り切れず、4 で割り切れて 100 でも割り切れるので、閏年ではありません。

**prob3-3.py**

```python
01  # 年を入力
02  year = int(input("西暦を入力:"))
03
04  if year >= 0:
05      # 0以上なら閏年かどうかを判定
06      if year % 4 == 0 and year % 100 != 0 or year % 400 == 0 :
07          print("閏年です")
08      else:
09          print("閏年ではありません")
10  else:
11      # 0未満なら閏年かどうかを判定
12      print("不適切な値です")
```

# 第4章　繰り返し処理

● 第4章の問題の解答です。

## 4-1 問題 4-1

● 【解説】

　while文の無限ループを作り、"Hello"と入力された場合にはbreakでループを抜け、最後に「Helloと入力されました」と表示し、プログラムを終了します。

**prob4-1.py**
```python
01 # 処理は無限ループにする
02 while True:
03     s = input("Helloと入力: ")
04     if s == "Hello":
05         break
06     else:
07         print("Helloと入力してください")
08
09 # whileループから抜けたときに実行される処理
10 print("Helloと入力されました")
```

## 4-2 問題 4-2

● 【解説】

　キーボードから2つの数値を入力させ、その大きさの関係によって、異なるループを表示します。n1<n2の場合は、n1からn2まで1ずつ値を増やしていきます。n1>n2の場合は、n1からn2まで1ずつ値を減らしていきます。

　なお、n1、n2が同じ値である場合は「異なる値を入力してください」というメッセージを表示してプログラムを終了します。

**prob4-2.py**

```
01  # 1つ目の値はn1、2つ目の値はn2とする
02  n1 = int(input("1つ目の値:"))
03  n2 = int(input("2つ目の値:"))
04
05  if n1 < n2:
06      # n1 < n2なら、n1からn2まで値を1ずつ増やしていく
07      n = n1
08      while n <= n2:
09          print("{} ".format(n),end="")
10          n = n + 1
11  elif n1 > n2:
12      n = n1
13      while n >= n2:
14          print("{} ".format(n),end="")
15          n = n - 1
16  else:
17      print("異なる値を入力してください")
```

 **3 問題 4-3**

・ 【解説】

　基本的な考え方は問題 4-2 と同じです。違いはループの記述に for 文を利用している点です。

　n1<n2 の場合は、n1 から n2 まで 1 ずつ値を増やすので、range 関数に与える引数は、最初の引数が n1、次の引数が n2+1 となります。

　n1>n2 の場合は、n1 から n2 まで 1 ずつ値を減らすので、最初の引数が n1 なのは前者のケースと同じですが、最後の数となる 2 つ目の引数は n2-1 となるので注意が必要です。また、最後にステップ数である -1 を付けるのを忘れないようにしなければなりません。

**prob4-3.py**

```
01  # 1つ目の値はn1、2つ目の値はn2とする
02  n1 = int(input("1つ目の値:"))
03  n2 = int(input("2つ目の値:"))
04  if n1 < n2:
05      for n in range(n1,n2+1):
06          print("{} ".format(n),end="")
07  elif n1 > n2:
```

```
08    for n in range(n1,n2-1,-1):
09        print("{} ".format(n),end="")
10  else:
11      print("異なる値を入力してください")
```

 **問題 4-4**

● 【解説】

2 からスタートして、100 までの整数 m のループを作り、その中にさらに m の約数の数をカウントするループを作ります。

1 から m まで変数 n を変化させ、その結果 1 と m しか約数がないと、count の値は 2 となり、その数は素数とみなされ、その数を表示します。

**prob4-4.py**
```
01  # 2から100までの数のループ(1は素数ではないので除外)
02  m = 2
03  while m <=100:
04      # mの約数の数
05      count = 0
06      n = 1
07      while n <= m:
08          # nがmの約数ならば、約数の数のカウントを増やす
09          if m % n == 0:
10              count = count + 1
11          n = n + 1
12      # もしもmの約数の数が2なら、素数なので値を表示する
13      if count == 2:
14          print("{} ".format(m),end="")
15      m = m + 1
```

# 5 第5章 コンテナ

第5章の問題の解答です。

## 5-1 問題 5-1

● 【解説】

　最初に空のリスト words を用意し、while 文で作った無限ループを使って、入力された単語を append で追加していきます。何も入力されなかった場合、break でループを抜けます。最後に for 文ループを使って、words に登録された単語を表示します。

**prob5-1.py**
```
01  # 空のリストを用意
02  words = []
03  while True:
04      # 単語を入力
05      s = input("単語を入力:")
06      if s == "":
07          # 何も入力されなかったらループから抜ける
08          break
09      else:
10          #登録された単語はリストに追加
11          words.append(s)
12
13  # リストに登録された単語を表示
14  for word in words:
15      print("{} ".format(word),end="")
```

## 5-2 問題 5-2

● 【解説】

　あらかじめ、偶数を入れるリスト even と奇数を入れるリスト odd を用意します。

313

最初に無限ループで数値の入力を受け付けます。入力した段階で偶数であれば even に、奇数であれば odd に追加します。

最後にこれらの中身を表示します。

**prob5-2.py**

```
01 even = [] # 偶数のリスト
02 odd  = [] # 奇数のリスト
03
04 while True:
05     s = input("整数を入力:")
06     if s != "":
07         n = int(s)
08         if n % 2 == 0:
09             # 2で割り切れれば偶数
10             even.append(n)
11         else:
12             # 2で割り切れなければ奇数
13             odd.append(n)
14     else:
15         # Enterキーが押されたらループを抜ける
16         break
17
18 print("偶数: ",end="")
19
20 for n in even:
21     print(n,end=" ")
22
23 print("\n奇数: ",end="")
24
25 for n in odd:
26     print(n,end=" ")
```

## 5-3 問題 5-3

• 【解説】

最初に動物の英語名をキー、日本語名を値とする辞書 names を作ります。その後、キーボードから入力したキーをもとにして、値を表示させます。

**prob5-3.py**

```
01 names  = {
02     "cat" : "猫",
```

```
03    "dog" : "犬",
04    "bird" : "鳥",
05    "tiger" : "トラ"
06 }
07
08 s = input("英語で動物の名前を入力してください:")
09 print("「"+names[s]+"」です。")
```

# 第6章　関数とモジュール

 ▶ 第6章の問題の解答です。

## 6-1 問題 6-1

• 【解説】

for 文を使って 4 つの数をリスト nums に入力します。add_four 関数は、引数を 4 つ持ち、その合計を戻り値とする関数なので、nums[0] 〜 nums[3] までを引数として渡して、その結果を得ます。

**prob6-1.py**
```
01  # 4つの引数の合計を求める
02  def add_four(a,b,c,d):
03      return a + b + c + d
04
05  # 数値を入力
06  nums = []
07  for i in range(4):
08      str = "{}つ目の数値:".format(i+1)
09      n = int(input(str))
10      nums.append(n)
11  sum = add_four(nums[0],nums[1],nums[2],nums[3])
12  # 結果を表示
13  print("{} + {} + {} + {} = {}".format(nums[0],nums[1],nums[2],nums[3],sum))
```

## 6-2 問題 6-2

• 【解説】

入力された値をリスト nums に追加していき、それぞれの関数の引数として計算し

ます。

　最大値を求める関数 max_nums では、最初の値を仮の最大値にし、その値よりも大きい値が出てくると仮の最大値を更新していきます。最終的には最大値が残ります。最小値も同様の考え方で計算をします。

　また平均値は、与えられたリストの値をすべて合計し、その値をリストの長さで割ります。

**prob6-2.py**

```
01  # 最大値を求める
02  def max_nums(nums):
03      for i,n in enumerate(nums) :
04          # 最初の数を仮の最大値にする
05          if i == 0:
06              max_num = n
07          if n > max_num:
08              # 仮の最大値よりも大きい数が出たら更新する
09              max_num = n
10      return max_num
11  # 最小値を求める
12  def min_nums(nums):
13      for i,n in enumerate(nums) :
14          # 最初の数を仮の最小値にする
15          if i == 0:
16              min_num = n
17          if n < min_num:
18              # 仮の最小値よりも小さい数が出たら更新する
19              min_num = n
20      return min_num
21  # 平均値を求める
22  def avg_nums(nums):
23      s = 0.0
24      for n in nums:
25          s += n
26      avg = s / len(nums)
27      return avg
28
29  # 数値を入力
30  nums = []
31  while True:
32      s = input("数値を入力:")
33      if s == "":
34          break
35      else:
```

```
36          nums.append(int(s))
37  max_num = max_nums(nums)
38  min_num = min_nums(nums)
39  avg = avg_nums(nums)
40
41  # 結果を表示
42  print("最大値 : {}".format(max_num))
43  print("最小値 : {}".format(min_num))
44  print("平均値 : {}".format(avg))
```

## 6-3 問題 6-3

- 【解説】

問題 6-2 で使った max_nums 関数を活用します。引数として与えたタプルを、いったんリスト（num_l）に変換し、max_nums 関数を使ってその中から最大値を取得し、それを結果（result）に追加します。その後、その値をリストから削除し……という処理を値がある間、ずっと繰り返していきます。

リストが空になった時点で並べ替えが完了しているので、その値をタプルに変換して戻します。

**prob6-3.py**
```
01  # 最大値を求める
02  def max_nums(nums):
03      for i,n in enumerate(nums) :
04          # 最初の数を仮の最大値にする
05          if i == 0:
06              max_num = n
07          if n > max_num:
08              # 仮の最大値よりも大きい数が出たら更新する
09              max_num = n
10      return max_num
11
12  # 並べ替えの関数
13  def sort_nums(*nums):
14      # タプルからリストに変換
15      num_l = list(nums)
16      # 出力結果のリスト
17      result = []
18      while len(num_l) > 0:
```

```
19        # num_lの最大値を取得
20        value = max_nums(num_l)
21        # 結果に最大値を追加
22        result.append(value)
23        # num_lから最大値を削除
24        num_l.remove(value)
25    # リストをタプルに変換して戻す
26    return tuple(result)
27
28 result = sort_nums(1,5,2,4,-2,7)
29 print(result)
```

# あとがき

　この本は、私にとって前作の『1週間でC#の基礎が学べる本』に続く2冊目の書籍となります。内容は、私がもともと企業研修などで使っていたオリジナルのPython教材をベースに膨らませたものですが、本にまとめるのは相当に大変な作業でした。特に苦労したのが、この本のゴールをどこに設けるかということでした。なぜなら、本文の中で説明したとおり、Pythonは必ずしもプログラマーだけが使う言語ではないからです。

　考えた末、最終的にたどり着いた結論は、「Pythonで何をするのであれ、基礎知識をしっかり身に付けておけば、応用力はおのずと身に付いてくる」というレベルにしよう、ということでした。その際に参考にしたのが、「2×4（ツーバイフォー）工法」と呼ばれる建築様式の考え方でした。

　これは、アメリカで生まれた戸建て住宅建築で用いられる工法で、家を建てる際に使用する角材のサイズが「2インチ×4インチ」であることが名前の由来です。この既製サイズの角材に、合板をあわせて組み立てていくという単純な工法であるため、高度な技術は必要ないというのが特徴です。


　プログラミング言語の世界におけるPythonの位置付けは、建設業界における2×4工法のような位置付けだと理解してもらえばわかりやすいと思います。

　本書の冒頭でも説明したとおり、Pythonは非常に手軽に学習できる言語であるうえに、他の言語では難しいようなことも、ライブラリを活用すればかなり高度なことでも簡単にできてしまうからです。

　現在、日本の住宅の約8割が、伝統的な住宅工法である「木造軸組工法（在来工法）」だと言われていますが、近ごろの住宅建設において、この工法はかなりの勢いで駆逐されつつあります。なぜなら、2×4工法は地震や台風などの災害に強いうえに、工期も従来工法よりも短く、職人の技術によって仕上がりにばらつきが出にくいというメリットがあるからです。

　これはPythonが、従来の主流のプログラミング言語であるJavaやC#などに比べて優れている点にも類似しています。

そういったこともあってか、システム開発で用いられる言語が、ものすごい勢いでPython に置き換えられつつあります。GitHub（ソースコードの共有サービス）の年次報告書「The State of the Octoverse」によると、2019 年の最も人気の高いプログラミング言語のランキングで、Python が Java や C# などを抜いて 2 位に浮上したとのことです。

2×4 工法における建設技術者の育成は、従来の建築工法とは違った教育の体系で行われています。それと同様に、Python の学習で最大の成果を挙げるには、従来の言語とは違った考え方が必要だと考え、最短の時間で技術が身に付くようになることを心掛けました。

とはいえ、実用一点張りでもつまらないので、随所にちりばめた練習問題や、7 日目に紹介した簡単なゲームを通して、プログラミングのおもしろさも体験してもらえれば……という工夫もしてあります。

この本を読み終わった後の達成感が、はたして私の思ったとおりになっているかどうかは正直わかりませんが、少なくともこの本を手に取って良かったと思っていただければ幸いです。

最後になりましたが、2 冊目になる本書を執筆するチャンスをくださったインプレスの玉巻様、内容をチェックしていただき、適切なアドバイスをくださった畑中様、内容をまとめ上げて編集にご尽力くださったリブロワークスの大津様に、この場を借りて感謝申し上げます。

2020 年 2 月　亀田 健司

# 索引

# 著者プロフィール

**亀田健司**（かめだ・けんじ）

大学院修了後、家電メーカーの研究所に勤務し、その後に独立。現在は
シフトシステム代表取締役として、AIおよびIoT関連を中心としたコン
サルティング業務をこなすかたわら、プログラミング研修の講師や教材
の作成などを行っている。
同時にプログラミングを誰でも気軽に学べる「一週間で学べるシリーズ」
のサイトを運営。初心者が楽しみながらプログラミングを学習できる環
境を作るための活動をしている。

■一週間で学べるシリーズ
http://sevendays-study.com/

## スタッフリスト

| | |
|---|---|
| 編集 | 大津 雄一郎（株式会社リブロワークス） |
| | 畑中 二四 |
| 表紙デザイン | 阿部 修（G-Co.inc.） |
| 表紙イラスト | 神林 美生 |
| 表紙制作 | 鈴木 薫 |
| 本文デザイン・DTP | 株式会社リブロワークスデザイン室 |
| | |
| 編集長 | 玉巻 秀雄 |

### ■ 商品に関する問い合わせ先

インプレスブックスのお問い合わせフォームより入力してください。

### https://book.impress.co.jp/info/

上記フォームがご利用頂けない場合のメールでの問い合わせ先

info@impress.co.jp

● 本書の内容に関するご質問は、お問い合わせフォーム、メールまたは封書にて書名・ISBN・お名前・電話番号と該当するページ
や具体的な質問内容、お使いの動作環境などを明記のうえ、お問い合わせください。
● 電話やFAX等でのご質問には対応しておりません。なお、本書の範囲を超える質問に関しましてはお答えできませんのでご了
承ください。
● インプレスブックス(https://book.impress.co.jp/)では、本書を含めインプレスの出版物に関するサポート情報などを提
供しておりますのでそちらもご覧ください。
● 該当書籍の奥付に記載されている初版発行日から3年が経過した場合、もしくは該当書籍で紹介している製品やサービスにつ
いて提供会社によるサポートが終了した場合は、ご質問にお答えしかねる場合があります。

### ■ 落丁・乱丁本などの問い合わせ先

FAX  03-6837-5023
MAIL service@impress.co.jp

● 古書店で購入されたものについてはお取り替えできません。

# 1週間でPythonの基礎が学べる本

2020年3月11日  初版発行
2023年2月21日  第1版第2刷発行

著  者  亀田 健司

発行人  小川 亨

編集人  高橋 隆志

発行所  株式会社インプレス
        〒101-0051 東京都千代田区神田神保町一丁目105番地
        ホームページ  https://book.impress.co.jp/

印刷所  株式会社ウイル・コーポレーション

ISBN978-4-295-00853-8 C3055

Printed in Japan